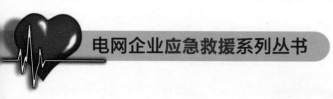

电网企业应急救援系列丛书

电网企业
应急救援装备使用技术

国网浙江省电力公司培训中心 组编

U0246786

中国电力出版社
CHINA ELECTRIC POWER PRESS

内 容 提 要

　　本书针对电网企业在各种复杂环境下开展应急救援工作所需的不同类型装备展开叙述。从先进性、实用性等角度出发，内容包括应急救援单兵装备、应急供电装备、水上救生装备、应急通信装备、高处救援装备、救援破拆装备、后勤生活保障装备、医疗救护装备，全面详细地介绍了电网企业应急救援装备的主要功能、配备使用、注意事项及保养维护等方面的知识。旨在让电网企业应急救援工作者更加科学合理地配备、使用各项应急救援装备，不断地提高应急救援效率。

　　本书内容丰富，知识涵盖面广，针对性、可操作性强，且图文并茂，通俗易懂。本书可供电网企业安全管理和应急工作人员使用。

图书在版编目（CIP）数据

　　电网企业应急救援装备使用技术／国网浙江省电力
公司培训中心组编.—北京：中国电力出版社，2016.7
（2023.5重印）
　　（电网企业应急救援系列丛书）
　　ISBN 978-7-5123-9278-6

　　Ⅰ.①电… Ⅱ.①国… Ⅲ.①电力工业–突发事件–
救援–防护设备 Ⅳ.①TM08

　　中国版本图书馆CIP数据核字（2016）第092031号

中国电力出版社出版、发行

（北京市东城区北京站西街19号　　100005　　http://www.cepp.sgcc.com.cn）

望都天宇星书刊印刷有限公司印刷

各地新华书店经售

*

2016年7月第一版　　　2023年5月北京第四次印刷

850毫米×1168毫米　　　32开本　　8.25印张　　198千字

定价36.00元

版 权 专 有　侵 权 必 究

本书如有印装质量问题，我社营销中心负责退换

编　委　会

主　　　任　　阙　波

副　主　任　　吴　哲　　徐　林　　吴剑凌　　沈灵兵

成　　　员　　黄陆明　　郭建平　　潘王新　　叶代亮　　黄文涛

主要审查人员　　吴剑凌　　郝力军　　姚建立　　孙维国　　夏震宇
　　　　　　　　王　奇　　夏之罡

主要编写人员　　叶代亮　　黄文涛　　李辉明　　高巨华　　章云峰
　　　　　　　　陈国明　　谈欢欢

本书编写人员

黄文涛　　章云峰　　钱　嘉　　华益军　　章振海

王　展　　张建中　　陈晓亮　　徐基珍　　邹立勋

陈　俊

　　近年来，我国各地台风、洪涝、冰雪、地震等自然灾害类突发事件频发，重特大火灾爆炸事故、道路交通事故、安全生产事故等事故灾难类突发事件也时有发生，这些突发事件不仅给人民群众生命财产造成重大损失，也给当地电网企业设备设施造成极大损坏。

　　党和政府高度重视应急管理和应急救援工作。在党的"十八大"报告中提出了"健全突发事件应急管理机制，维护社会公共安全，促进社会和谐稳定"的要求。"提升防灾减灾救灾能力"、"强化突发事件应急体系建设"作为重要章节写入《中华人民共和国国民经济和社会发展第十三个五年（2016—2020年）规划纲要》。因此，加强应急管理和应急救援工作、提高预防和处置突发事件的能力，是关系人民群众生命财产安全的大事、是国家治理能力的重要组成部分、是构建社会主义和谐社会的重要内容、是坚持以人为本和执政为民的重要体现、是构建企业安全稳定长效机制的重要举措。

　　突发事件发生后，迅速组织开展应急救援，最短时间恢复电力供应，配合政府开展抢险救灾行动，是电网企业履行社会责任和义务的重要使命。国家电网公司贯彻落实国家应急管理法规制度，坚持"预防为主、预防与处置相结合"的原则，按照"统一指挥、结构合理、功能实用、运转高效、反应灵敏、资源共享、保障有力"的要求建立系统和完整的应急体系，按照"平战结合、一专多能、装备精良、训练有素、快速反应、战斗力强"的原则建立应急救援基干队伍，加强应急联动机制建设、提高协同应对突发事件的能力。

　　为加强应急救援基干队伍的应急理论和应急技能培训，提高应急救援基干队员的应急救援能力和技术水平，提升电网企业对各类突发事件的快速反应和有效处置能力，国网浙江省电力公司培训中心组织力量编写了《电网企业应急救援系列丛书》。本套丛书分《电网企业应急管理基础知识》、《电网企业应急救援技术》、《电网企业应急救援装备使用技术》、《电网企业应急救援案例分析》四册。本套丛书既是一套针对应急救援基干队伍的专业性培训教材，也是面向电网企业应急指挥人员、应急管理人员、应急抢修人员、电网企业员工以及社会应急救援人员的应急救援基础知识读物。

鉴于编者水平有限，不足之处敬请读者批评指正。

C 目录
Catalog

第一章

概　述

第一节　电网企业应急救援装备分类

　　电网企业应急救援装备是指在电力系统遭受突发灾害时，电网企业用于应急管理与应急救援的工具、器材、服装、技术力量等，如应急发电车、生命探测仪、防护服、液压破拆工具、无线单兵技术、GPS技术等各种各样的救援装备和技术装备。

　　电网企业在开展应急救援工作中所采用的装备种类繁多，专业性强且功能不一，可按其适用性和具体功能进行分类。

一、按适用性分类

　　电网企业应急救援装备有的适用范围非常广，能够用于不同类型灾害事故救援，而有的则具有很强的专业性，只能用于特殊类型灾害事故救援。根据电网企业应急救援装备的适用性，可分为通用性应急救援装备和专业性应急救援装备。

　　通用性应急救援装备主要包括：单兵个人装备，如安全带、安全帽、护目镜等；应急通信装备，如对讲机、移动电话、固定电话等。

　　专业性应急救援装备，因灾害事故类型的不同而各不相同，可分为电力抢险装备、危险品泄漏控制装备、专用通信装备、医疗装备、野外救生装备、消防装备等。

二、按功能性分类

　　电网企业在开展应急救援工作时所采用的装备根据其具体功能可分为应急救援单兵装备、应急供电装备、水上救生装备、应急通信装备、高处救援装备、救援破拆装备、后勤保障装备、医疗救护装备等八大类及若干小类。

1. 应急救援单兵装备

应急救援单兵装备具体可分为：单兵个体防护装备、单兵生活装备、单兵作业装备等。

2. 应急供电装备

应急供电装备具体可分为：应急发电车、应急发电机、带发电机应急灯、直流电源应急灯等。

3. 水上救生装备

水上救生装备具体可分为：救生抛投器、水域救援装具、救生衣等。

4. 应急通信装备

应急通信装备具体可分为：卫星通信技术装备、无线通信技术装备等。

5. 高处救援装备

高处救援装备具体可分为：绳索、攀登器材、高处逃生器材、其他器材等。

6. 救援破拆装备

救援破拆装备具体可分为：手动破拆装备、电动破拆装备、机动破拆装备、气动破拆装备等。

7. 后勤保障装备

后勤保障装备具体可分为：水、陆、空应急交通运输装备，餐车，帐篷等后勤生活保障装备。

8. 医疗救护装备

医疗救护装备具体可分为：急救药箱、折叠担架、除颤仪、雷达生命探测仪等。

第二节 电网企业应急救援装备作用

电网企业应急救援装备是救援人员的作战武器，是生成战斗力的基本条件，是开展应急救援工作的重要保障。近年来，电网企业在加强应急管理机构和应急救援队伍建设的同时，也加大对应急救援装备的投入，一批批先进技术和装备投入使用，在各类电力系统生产事故或突发自然灾害处置过程中，为挽救生命、维护社会稳定、减少财产损失发挥了举足轻重的作用。

一、提高应急救援效率

控制、减轻和消除突发事件引起的严重社会危害，维护国家安全、社会稳定和人民生命财产安全，保障电网公司正常生产经营秩序，维护电网公司品牌和社会形象，是电网企业应急救援的核心目标。

在发生突发事件时，面对复杂的地理条件和恶劣的气候环境，必须使用不同种类的应急救援装备。如灾害导致大面积停电，要使用大型应急发电车、应急照明灯等；发生粉尘爆炸时，要使用空气呼吸器、防毒面具；台风灾害发生时，救援人员要使用冲锋舟、水陆两栖车进入现场勘查灾情，要使用无人机应急通信勘查终端、无线单兵系统等反馈现场受损情况；如果没有专业的应急救援装备，电力不能迅速恢复，火灾将得不到遏制，救援人员的生命没有保障，应急救援工作根本无法有序进行。

应急救援装备，就是应急救援人员的作战武器。要提高应急救援能力，保障应急救援工作的高效开展，迅速化解险情，控制事故，就必须为应急救援人员配备专业化的应急救援装备。应急救援装备是应急救援人员的有力武器和重要保障，应急救援装备配备齐全与否，直接关乎救援工作的效率和进程。

二、维护救援现场稳定

灾害事故发生之后，会引发一系列的次生灾害，其中之一便是造成供电中断。供电中断不仅会影响灾区人民的正常生活，还会造成整体救援进程的缓慢，容易引起局部地区的社会恐慌，甚至引发社会动荡。电网企业应急救援人员利用先进的应急救援装备，提供现场抢修照明，快速恢复当地供电，不仅能够大大稳定灾害现场的"人心"，还能有效协助政府开展救援，相当程度地弱化事故对社会的影响。

某年8月5日16时50分，×区一家庭作坊发生爆炸，造成一起现场五间2层的房子被炸为废墟，多人被埋。接到预警后，×供电公司应急救援队迅速集结，随后1辆400kW的发电车投入作业，1盏照明灯塔、3台气球灯点亮现场，光线辐射范围覆盖整个救援现场，满足了救援人员从各个角度观察和抢救伤者的需求，实现了事故现场光线无死角。专业的应急照明灯具不仅为现场的救援提供了照明，而且为灾民送去了光明，也驱散了灾民心中的恐慌，维护了救援现场的稳定。

先进的应急救援装备，能有效提高应急救援的能力，避免、减少人员的伤亡和财产损失，能有效地保护环境和社会稳定，充分体现了珍爱生命、科学发展的时代理念。

三、保障生命财产安全

在事故险情突发时，如果能够迅速恢复现场供电、照明及通信需求，就能够为其他综合救援工作开展提供前提保障。如及时开展现场救援指挥，启用应急救援装备，可以有效控制事故，避免事故的恶化或扩大，从而有效避免、减轻相关人员的伤亡。在避免、减少人员伤亡的同时，确保综合救援有条不紊地进行，也将会大大减少财产损失。

综上所述，应急救援装备对应急救援的成败起着非常重要的作用，必须从配备、使用与维护等方面予以高度的重视，做到配备到位、维护到位、使用到位，只有这样，才能不断提高应急救援能力，保障应急救援任务的高效完成。

第三节　电网企业应急救援装备保障体系建设

电网企业应急救援对象及其发生事故情形的多样性、复杂性，决定了应急救援行动过程中要用到各种各样的装备，而且各种各样的装备必须相互组合，配合使用。装备的多样性、组合性，决定了电网企业应急救援装备的系统性。每一次应急救援行动，无论大小，都必须有一个应急救援装备体系作保障。装备保障作为应急救援行动的重要物质基础，构建与电网企业应急救援行动相适应的装备保障体系，对于提高应急救援能力起着举足轻重的作用。

一、保障体系机构的设置

根据电网企业装备管理特点，从降低运作成本、提高保障效益的角度出发，在电网企业现有物资管理部门的基础上，分别设立日常管理机构和战时保障机构。

1. 日常管理机构

日常管理机构主要以各级装备管理部门为主，其主要职责是：落实各项装备管理制度，制订应急救援装备保障预案，负责装备的编制配备、更新调拨、维修保养、技术培训等日常管理工作。

2. 战时保障机构

战时保障机构即在执行应急救援任务时，依托装备管理部门现有人员成立装备保障组，可视情况设立装备筹备、运输保障、检查维修等保障小组。该机构的主要职责是：根据应急救援行动情况，提出装备保障工作意见和建议，制定装备保障措施，下达装备保障指示，负责组织将装备向指定地点调运，以及现场装备检查维修等工作。

二、装备的编配方法和标准

装备的编配应按照"总体突出战略性、片带突出区域性、作业队突出专业性"的思路，以"专综结合、聚散灵便、精干高效"的原则，针对电网企业应急救援任务的类型和特点，按照救援规程和人员编程，合理确定各级、各建制的装备编配结构，实行装备编配模块化、标准化，以便能根据救援任务类型和损害程度，迅速响应，进行不同类别和量级的调派装备，达到应急救援装备保障迅速、可靠、有效的目标。

三、装备选配的基本要求

根据电网企业应急救援任务"急、难、险、重"的特点，对应急救援装备选配有以下基本要求。

（1）装备性能先进、安全可靠。加大高、精、尖应急救援装备的配备，选择国内外技术性能先进、安全耐用的装备，以保证其在应急救援行动中性能稳定、质量可靠、安全高效，提高应急救援效率，如采用存在缺陷而淘汰的产品，不仅会降低救援效率，甚至会引发不应发生的次生事故。

（2）规格统一、系统配套。同类装备力争做到品牌和规格统一，以便于维护管理和减少其配套的保障品种和数量（如燃料油、润滑油等油品，动力源管线，消耗性备件等）。同时，加强配套装备的一致性建设，解决不同品牌动力源、装备之间互联、互结问题。

（3）机动灵活、便于运输。注重高度机动、灵活的装备的配备，以满足"反应迅速、机动灵活、处置高效"的应急救援工作的需要。多选择可自行式装备，以便于机动调运。对于需拆解运输的大型装备，务求结构简单，易于现场安装。对于小型装备、器材、工具、配件等宜采取分类装箱储备，其材料、尺寸设计应尽量统一，以便于装载运输，同时要进行分类标识，如红色为装备工具类、白色为卫勤保障类、绿色为餐饮保障类、蓝色为动力源、宿营类等。

（4）经济合理、平战兼容。在满足应急救援需要的前提下，选配装备也要从经济性、合理性、实用性考虑，不仅要适用于应急救援任务，同时也要适用于平时的训练和施工生产，避免重复购置、闲置和浪费，保证其利用率，在平时能创造一定的经济效益，以促进应急救援装备建设良性循环。对于一些装备，可实行一机多用，以减少资金投入。

四、装备的保障模式

（1）坚持综合保障和全程保障相结合。应急救援装备保障不仅仅是单一地提供装备，其包含了装备的筹备、调运、易耗件和油料补给、现场检修保养、技术指导等，且贯穿于整个应急救援行动之中。在保障过程中，要根据应急救援行动情况，统筹安排、合理组织，把握和衔接好装备保障的各个环节，确保应急救援行动有序、顺利开展。

（2）坚持建制保障和协同保障相结合。根据电网企业应急救援任务的类型和规模，按建制逐级调派装备，以便于装备保障的统一指挥和管理。电网企业应急救援作业任务复杂，做好装备类型和数量的横向协调，企业内部互通有无、相互支援、协同保障，提高应急救援装备的使用效率和整体保障能力。

（3）坚持内部保障和地方保障相结合。电网企业应急救援仅靠企业内部力量是有限的，整合地方资源将会发挥无穷的力量。应充分利用社会资源增强装备保障力量，对社会资源进行有效调研，签订相关协议（包括装备租赁、紧急采购、运输和维修等）。同时，找准"市场"与"战场"的契合点，倡导地方厂企按照自身单位特点，结合应急救援实际，加快研发引进适应各种复杂环境、能够处置不同任务的专业化特色装备器材。建立应急救援装备以厂代储的保障体系，建立快捷可靠的社会联合装备保障网络，变单一装备保障建设的小格局为社会单位统筹建设的大格局，走社会联合装备保障建设的新路子。

第四节　电网企业应急救援装备保障总体要求

应急救援保障系统，包括通信与信息保障、人力资源保障、法制体系保障、技术支持保障、物资装备保障、培训演练保障、应急经费保障等诸多系统。应急装备保障是物资装备保障的重要内容。

电网企业应急救援装备保障总体要求，主要包括种类选择、数量确定、功能要求、使用培训、检修维护等方面的要求。

一、应急救援装备的种类选择

1. 根据法规要求进行选择

对法律法规明文要求必备的，必须配备到位。随着应急法制建设的推进，相关的专业应急救援规程、规定、标准逐步实施。对于这些规程、标准、规定要求配备的装备必须依法配备到位。

2. 根据预案要求进行选择

应急预案是应急准备与行动的重要指南，因此，应急救援装备必须依照应急预案的要求进行选择配备。应急预案中需要配备的装备，有些可能明确列出，有些可能只是列出通用性要求。对于明确列出的装备直接照方抓药即可，而对于没有列出具体名称，只列出通用性要求的设备，则要根据要求，根据所需要的功能与用途进行认真选定，不能有疏漏，以满足应急救援的实际需要。

3. 应急救援装备选购

应急救援的装备种类很多，价格差距往往也很大。在选购时，首先，要明确需求，从功能上正确选购；其次，要考虑到使用的方便，从实用性上进行选购；第三，要保证性能稳定，质量可靠，从耐用性、安全性上选购；最后，要从经济性上选购。从价格和维护成本上货比三家，在满足需要的前提下，尽可能地少花钱，多办事。

4. 严禁采用淘汰类型的产品

应急救援装备像生活中的其他设备一样，都会经历一个产生、改进、完善的过程，在这个过程中，也可能出现因当初设计不合理，甚至存在严重缺陷而被淘汰的产品，对这些淘汰的产品必须严禁采用。如果采用这些淘汰产品，极有可能在应急救援行动过程中，降低救援的效率，甚至引发不应发生的次生事故。

二、应急救援装备的数量要求

应急救援装备的配备数量，应按照依法、合理配备的原则，确保应急救援装备的配备数量到位。对法律法规明文要求必备数量的，必须依法配备到位。对法律法规没做明文要求的，按照预案要求和企业实际，合理配备。

同时，为了保证救援工作的顺利进行，配备应急救援装备还应遵循双套配备的原则。任何设备都可能损坏，因此，应急救援装备在使用过程中突然出现故障，无论从理论上分析，还是从实践中考虑，都会发生。一旦发生故障，不能正常使用，救援行动就很可能被迫中断。因此，对于一些特殊的应急救援装备，必须进行双套配置，当设备出现故障不能正常使用时，立即启用备用设备。但是，对于双套配置的问题，要根据实际情况全面考虑。不能一概双套配置，造成过度投入，浪费资金。对一些关键设备如通信话机、电源、事故照明等必须双套配置；对一些稳定性高的设备，可单套配置，通过加强维护，并预想设备损坏情况下的应急对策，如通过应急联动寻求支援。

三、应急救援装备的功能要求

电网企业应急救援装备的功能要求，就是要求应急救援装备必须能完成预案所确定的任务。必须特别注意，对于同样用途的装备，会因使用环境的差异出现不同的功能要求，这就必须根据实际需要提出相应的特殊功能要求。如许多情况下，应急装备都有其使用温度范围、湿度范围等限制，因此，在一些条件恶劣的特殊环境下，应该特别注意应急救援装备的适用性。

四、应急救援装备的使用要求

电网企业应急救援装备必须严格管理，正确使用，仔细维护，使其时刻处于良好的备用状态。同时，应急救援人员必须熟练掌握救援装备的操作要领，确保其功能得到最大限度的发挥。装备的使用要求，主要包括以下几个方面。

1. 专人管理，职责明确

应急救援装备，大到价值上万的应急发电车，小到普普通通的电工工具，都应指定专人进行管理，明确管理要求，确保装备的妥善管理，管理遵循"谁主管、谁负责""谁使用、谁负责"的原则，落实资产全寿命周期管理要求，严格计划、采购、验收、检验、使用、保管、检查和报废等全过程管理，做到"安全可靠、合格有效"。

2. 定制摆放，规范统一

应急救援装备宜根据产品要求存放于合适的温度、湿度及通风条件处，与其他物资材料、设备设施应分开存放。装备库房应建立统一分类的装备台账和编号方法，应急救援队伍应定期开展安全工器具清查盘点，确保做到账、卡、物一致。应急装备的领用、归还应严格履行交接和登记手续。领用时，保管人和领用人应共同确认装备有效性，确认合格后，方可出库；归还时，保管人和使用人应共同进行清洁整理和检查确认，检查合格的返库存放，不合格或超试验周期的应另外存放，做出"禁用"标识，停止使用。应急救援装备在保管及运输过程中应防止损坏和磨损，并做好防潮措施。

3. 严格培训，严格考核

结合电网生产实际，应急救援队每年至少应组织一次装备使用方法培训，新型应急装备在使用前应组织针对性培训，使其能够正确熟练地使用各种应急救援装备，并把对装备的正确使用，作为对应急基干队员的一项严格考核要求。定期开展岗位练兵和应急演练，提高队员应急装备的能力。

五、应急救援装备的维护要求

对应急救援装备，必须经常进行检查，正确维护，保持随时可用的状态，否则就可能造成装备因维护不当而损坏，同时会因为装备不能正常使用而延误事故处置。应急救援装备的检查维护，必须形成制度化、规范化。

应急救援装备的维护，主要包括定期维护和日常随机维护两种形式：定期维护要做到根据说明书的要求，对有明确的维护周期的，按照规定的维护周期和项目进行定期维护；日常随机维护就是对于没有明确维护周期的，要按照产品书的要求，进行经常性的检查，严格按照规定进行管理。发现异常，及时处理，随时保证应急救援装备完好可用。

第二章

电网企业应急救援单兵装备

个人装备是保护应急救援队员安全与健康所采取的必不可少的辅助措施，是应急救援队员能够在恶劣的气候条件和复杂的地理环境里顺利完成应急救援任务的根本保证，在某种意义上，它是应急救援队员防止伤害的最后一项有效措施，必须引起应急救援队伍领导和队员的高度重视和妥善管理。应急救援队员个人装备主要有单兵个体防护装备、单兵生活类、单兵作业类及其他必要装备等。

第一节 单兵个体防护装备

一、防割手套

防割手套（见图2-1）是一种不会轻易被割破的手套，对手起保护作用。防割手套超乎寻常的防割性能和耐磨性能，使其成为高质量的手部劳保用品。一双防割手套的使用寿命相当于500副普通线手套，称得上是"以一当百"。

适用领域：食肉分割、水产贝壳加

图2-1 防割手套

工、玻璃加工、金属加工、石油化工、救灾抢险、消防救援等行业。

1. 防割手套简介

功能：防割。

材料：高强高模聚乙烯纤维包覆玻纤或钢丝，钢丝防割等级：

3~5级。

用途：佩戴防割手套，可手抓匕首、刺刀等利器刃部，即使刀具从手中拔出也不会割破手套，更不会伤及手部。小小的一双防割手套是公安、武警、保安等行业人员防身护命、建功立业的必需装备。

2. 防割手套特点

（1）单只手套，左右手均可使用。

（2）在品质、结构和工艺上都达到国际标准。

（3）所有款式均配有调节尼龙腰带，方便穿戴。

（4）优质不锈钢材质，安全卫生，易于清洗。

（5）钢环与钢环之间焊接更加饱满，承受得起更大的拉力，而且柔软服贴。

（6）一只钢丝手套共有5000多个不锈钢钢环和不锈钢圈独立焊接穿编而成。

（7）符合标准 EN1082/EN420，防切割最高等级达到5级，耐磨、耐腐蚀性能良好。

（8）人性化的剪裁制作技术，基于人体工程学设计，使穿戴者手指伸缩更加自如，穿戴更加舒适。

3. 防割手套的清洁与保存

（1）洗净的手套，于阴凉通风处存放。

（2）请勿以硬物敲打的方式清洁钢丝手套。

（3）使用时尽可能避免尖锐物体接触手套表面。

（4）用肥皂水（50℃）或混合有清洁剂的热水（50℃）清洗手套，每日至少1次。

4. 注意事项

（1）修理带刺的花草时不宜使用防割手套。因为防割手套是由钢丝组合而成，会有许多密集小孔允许花刺透过，在修理花草时应使用正确的手套，以免受伤。

（2）防割手套是为人们长远的工业安全而设计的。在长期使用下，不断地和利刃接触后手套能出现小破洞，若手套的小洞超过 $1cm^2$，便需要修理或更换。

二、防噪声耳塞

隔音耳塞（又称防噪声耳塞、隔音耳塞、抗噪耳塞、睡眠耳塞，如图2-2所示）一般是由硅胶或是低压泡沫材质、高弹性聚酯材料制成的。插入耳道后与外耳道紧密接触，以隔绝声音进入中耳和内耳（耳鼓），达到隔音的目的，从而使人能够得到宁静的休息或工作环境。

图2-2　隔音耳塞

1. 防噪声耳塞的特点

本产品特点是现做现用软硬度随用随调，材料成品后为不透气人工橡胶状，使耳道舒适隔音效果好，保证一对硅胶耳塞成本做本耳塞500对以上可以连续放入耳道使用 N 年且毫无不舒适感。

（1）全球使用最广的 PU 发泡耳塞。

（2）钟型设计，保证了佩戴的舒适度。

（3）经过改进设计，佩戴更加方便，并且不易脱落。

（4）光滑的耳塞表面，抗油性的设计，可防止污垢累积。

（5） PU 发泡耳塞增强佩戴舒适性，特别是长时间佩戴。

2. 防噪声耳塞的使用方法

防噪声耳塞的使用方法如图2-3所示。

（1）取出耳塞，用食指和大拇指将其搓细。

（2）将要塞入的耳朵向上向外提起（这点很关键）并保持住，然后将搓细的耳塞圆头朝向耳朵，塞入其中，尽可能地使耳塞体与耳甲腔相贴合。需要记住的是，请不要用力过猛过急或插得太深，一切要以自己感觉舒适为准。

（3）用手扶住耳塞直至耳塞在耳中完全膨胀定型（大约要持续30s）。

（4）佩戴隔音耳塞之后，如果你感到隔声效果不好，这个时候可以缓慢转动耳塞，直到调整到效果最佳为止。

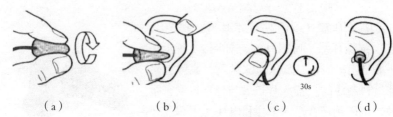

（a）　　　　　（b）　　　　　（c）　　　　　（d）

图2-3　防噪声耳塞的佩戴方法

（a）搓细；（b）塞入；（c）按住；（d）就位

3. 注意事项

（1）由于耳塞恢复弹性的时间很快，所以要确定耳塞被塞入耳朵前是被搓细的，否则无法达到最好的效果。

（2）切记在塞入耳朵前，将耳朵向上向外提起，耳塞膨胀后才能发挥最佳效果。

（3）操作时请保持双手清洁。

（4）取出时轻微、缓慢、旋转拉出，不要用力过猛。

（5）如果你佩戴的是泡沫塑料耳塞，注意将圆柱体搓成锥形体后再塞入耳道，让塞体自行回弹，充塞满耳道中，达到好的隔音效果。而佩戴硅橡胶自行成形的耳塞的话，要分清左右塞，不能弄错。

三、防坠器

防坠器又叫速差器（见图2-4），能在限定距离内快速制动锁定坠落物体，适合于货物吊装，保护地面操作人员的生命安全和被吊工件物体不被损坏。防坠器应用于冶金汽车制造、石油化工、工程建设、电力、船舶、通信、制药、桥梁等高处作业场所。

1. 防坠器工作特点

（1）防坠器利用物体下坠速度差进行自控，高挂低用。

（2）采用独创的"双锁止装置"结构，锁止稳定，安全系数高，可靠性好；并有效地解决

图2-4　防坠器

因倾斜作业下坠摇摆幅度过大而撞击其他物体而导致的事故。

（3）采用特种钢，并经特种处理，质轻、耐磨、耐腐蚀、抗冲

击，外壳采用铝合金，质轻，不老化。

2. 防坠器使用方法

（1）防坠器必须高挂低用，使用时应悬挂在使用者上方坚固钝边的结构物上。密封的铝金外壳防坠器因速度的变化引起自控，是一个具有新型专利的安全产品。通过抗棘齿双盘式制动系统，有效控制人体失控下坠。

（2）必须正确选用主绳，严禁混用。正确安装自锁器，滚轮（翘出部位）在上部。

（3）使用防坠器前应对安全绳、外观做检查，并试锁2~3次（试锁方法：将安全绳以正常速度拉出应发出"嗒""嗒"声；用力猛拉安全绳，应能锁止。松手时安全绳应能自动回收到器内，如安全绳未能完全回收，只需稍拉出一些安全绳即可）。如有异常即停止使用。

（4）装入主绳后，应检验自锁器的上、下灵活度，如自锁器下滑不灵活，可将半拉簧适当调整。并试锁1~3次，以确保锁止功能。如发现异常，必须停止使用；并与本厂联系（在一年使用期内），严禁私自装卸修理。

（5）防坠器利用物体下坠速度差进行自控，高挂低用。使用时只需要将锦纶吊绳跨过上方坚固钝边的结构物上，将锦纶绳上的铁钩挂入"n"形环上，将钢丝绳上的铁钩挂入安全带上的半圆环内即可使用。在使用半径内，不需更换悬挂点。

（6）防坠器正常使用时，安全绳将随人体自由伸缩。在器内机构作用下，处半紧张状态，使操作人员无牵挂感。万一失足坠落，安全绳拉出速度明显加快，器内锁止系统即自动锁止，使安全绳拉出距离不超过0.2m，冲击力小于2949N，对失足人员毫无伤害。负荷解除即自动恢复工作。工作完毕安全绳将自动回收到器内，便于携带。锁止稳定，安全系数高，可靠性好，并有效地解决因倾斜作业下坠摇摆幅度过大而撞击其他物体而导致的事故。

（7）使用一年后，应抽取1~2只磨损较大的自锁器，用80kg重物做自由落体冲击试验，如无异常，本批可继续使用3个月。此后，每3个月应视使用情况做试验。试验过或重物冲击过的产品严禁使用。

（8）使用防坠器进行倾斜作业时，原则上倾斜度不超过30°，30°以上必须考虑能否撞击到周围物体。使用时严禁安全绳扭结使用。严禁拆卸改装。

（9）防坠器作业时可随意拉出绳索使用。在正常上下（每秒小于2m）情况下不影响正常作业。

3. 防坠器自控器指标

防坠器自控器指标见表2-1。

表2-1　防坠器自控器指标表

防坠质量(kg)	有效长度(m)	钢丝绳直径(mm)
300	5、10、15、20、30	5
500	5、10、15、20、30	7
1000	5、10、15、20	9
1500	5、10、15、20	11
2000	5、10、15、20	13
3000	5、10、15	16
4000	5、10	19
5000	5	22

4. 日常保养、维护

（1）应存放在干燥通风的地方。

（2）金属配件如有泥沙等污染时，应及时清理加油。

（3）若安全绳有污染，应用温水、中性洗涤剂冲洗干净，自然风干。

（4）使用一年后，应视批量购入情况，抽样用80kg做冲击试验，如无异常，本批可继续使用（冲击试验过的样品禁止使用），此后每季度试检一次。

（5）防坠器关键零部件已做耐磨、耐腐蚀等特种处理，并经严密调试，使用时不需加润滑剂。

（6）防坠器严禁安全绳扭结使用。严禁拆卸改装。并应放在干燥少尘的地方。

四、护目镜

防护眼镜（见图2-5）是一种滤光镜，可以改变透过光强和光谱。避免辐射光对眼睛造成伤害，最有效和最常用的方法是佩戴防护眼镜，同时也可以防化学物飞溅，也可防撞击用。透明镜框，透明镜片，人体工学设计，佩戴舒适的外罩式眼镜，通气性侧

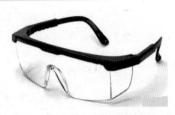

图2-5　防护眼镜

翼，镜片镜框整体设计，镜框镜腿集结两侧防护片，眉位护架于一体，侧翼防护和眉棱防护，无金属配件，优良侧面视野，视野开阔，UV400防紫外线，可佩戴在校正镜框外使用，可作为参观眼镜使用。

防辐射的防护眼镜，用于防御过强的紫外线等辐射线对眼睛的危害。镜片采用能反射或吸收辐射线，但能透过一定可见光的特殊玻璃制成。镜片镀有光亮的铬、镍、汞或银号金属薄膜，可以反射辐射线；蓝色镜片吸收红外线，黄绿镜片同时吸收紫外线和红外线，无色含铅镜片吸收 X 射线和 γ 射线。比如常见的电焊眼镜，对镜片的透光率要求相对很低，所以镜片颜色多以墨色为主；激光防护眼镜，顾名思义，就是能防止激光对眼镜的辐射，所以对镜片要求很高，比如对光源的选择、衰减率、光反应时间、光密度、透光效果等，不同纳米（nm）的激光就需要用不同波段的镜片。

1. 护目镜特点

（1）防团体屑末和化学溶液溅入眼及损伤面部的面罩，用轻质透明塑料制作，多用聚碳酸酯等塑料，罩面两侧及下端分别向两耳和下额下端朝颈部延伸，使面罩能更全面地包覆面部，以增强防护效果。

（2）防热面罩除防热服中提及铝箔面罩外，也可用单层或双层金属网制成，但以双层为宜，可使部分辐射被遮挡而在空气中散热。如能镀铬或镍，则可增强反射防热作用，并能防止生锈。

（3）金属网面罩能防微波辐射。

（4）电焊工用面罩，用一定的厚度的硬纸纤维制成，质轻，防

热，并具有良好的电绝缘性面罩。

（5）防尘、防冲击、防化学物飞溅。

（6）通风口设计，防止镜片起雾。

（7）乙烯镜框，易弯折。吸收99%UV（紫外线），头带可调节。

（8）1621AF镜片防起雾。

2. 清洁与保存

（1）放置方法。如暂时性放置眼镜，请将眼镜的凸面朝上，若将凸面朝下摆放眼镜，会磨花镜片。

（2）擦镜片方法。使用清洁的专用拭镜布，注意务必用手托住擦拭镜一侧的镜框边丝，轻轻拭擦该镜片。避免用力过度造成镜框或镜片的损伤。

（3）镜片沾灰尘或脏东西时。干擦容易磨花镜片，建议清水冲洗再用纸巾吸干水分后用专用眼镜布擦干。镜片很脏时建议用低浓度的中性洗剂清洗，然后用清水冲洗擦干。

（4）请使用眼镜盒。不戴眼镜时，请用眼镜布包好放入眼镜盒。保存时请避免与防虫剂、洁厕用品、化妆品、发胶、药品等腐蚀性物品接触，否则会引起镜片、镜架劣化、变质、变色。

（5）眼镜变形时。镜架变形时会给鼻子或耳朵造成负担，镜片也容易松脱。建议定期到专业店进行整形调整。

（6）禁止在激烈运动时使用。树脂镜片受到强烈冲击有破碎的可能，易造成眼睛和面部损伤，建议不要在剧烈运动时使用。

（7）不要使用自己磨花的镜片。建议不要使用已出现划痕、污点、裂纹等情况的镜片，否则会因光线散色导致看东西不清楚，引起视力下降。

（8）不要直视太阳：即使镜片有颜色的浓淡之差，也不要直视太阳或强烈光线，否则会伤到眼睛。

（9）在完全习惯戴眼镜看东西才进行驾驶及操作。因镜片的棱镜关系，刚购买的眼镜很难把握距离感，未完全习惯之前请勿驾驶及操作。

（10）不要在高温下（60℃以上）长期放置。高温容易导致镜片变形或表面的膜层容易出现裂纹，请不要放在驾驶室前窗等阳光直射或高温的地方。

（11）金属镜架应避免接触化学物品，防止被镀层脱落变色。不能接触有机溶剂、油、汗酸、高温和化学物品以及硬性物，否则易损伤镜片膜层，影响清晰度及美观。

（12）每天用完眼镜后请及时用净水冲洗，并用专用拭镜布将水珠擦干净，以延长眼镜寿命。

3. 注意事项

（1）选用护目镜时要选用经产品检验机构检验合格的产品。

（2）护目镜的宽窄和大小要适合使用者的脸形。

（3）镜片磨损粗糙、镜架损坏，会影响操作人员的视力，应及时调换。

（4）护目镜要专人使用，防止传染眼病。

（5）焊接护目镜的滤光片和保护片要按规定作业需要选用和更换。

（6）防止重摔重压，防止坚硬的物体摩擦镜片和面罩。

五、护膝

护膝（见图2-6）指的是用于保护人们膝盖的一块布料，在现代体育运动中，护膝的使用是非常广泛的。膝盖既是一个在运动中极其重要的部位，同时又是一个比较脆弱容易受伤的部位。膝盖受伤时极其疼痛且恢复较慢甚至个别人会出现下雨阴天就隐隐作痛的情况。几乎所有的体育用品商店都可以买得到的厚毡材料的"护膝"，可以在一定程度上减少和避免受伤，冬天使用还能够起到防寒作用。

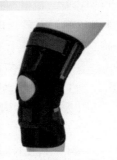

图2-6　护膝

1. 特点

针织面料采用高弹性质的集圈罗纹衬垫组织结构，罗布麻棉混纺纱编织的同时，内衬锦包橡筋弹力纱，使其弹性更高、弹力更强、穿着更舒适。结构设计合理，集保健、舒适于一体，对膝关节风湿、关节炎、疼痛、肿胀、麻木、不灵活、扭挫伤有显著疗效，对老寒腿、增生、骨刺、运动障碍、劳损可起到辅助的作用。特别适合于老年人、运动员等有腿部疾患的人群需要。能够改善关节部位的血液微循环，活血化瘀、消散止痛，促进炎症吸收以及损伤关节组织的修复，提高各相应关节的活动力度，对相应部位的关节炎、关节积水、静脉曲张、脉管炎、风湿性关节炎等有明显的症状改善作用。与各种磁性保健品不同，没有磁性硬块，穿着舒适，洗涤方便。

捆绑式开孔护膝，采用先进的防护材料制成，设计合理，在开孔处进行了特别的加厚加强处理，更好地保护膝盖，避免发生横向位移。经过改进的魔术粘扣让使用者可任意调节松紧度。登山的时候带上它，可有效预防膝关节的受损。

2. 使用方法

使用护膝有时会放在裤子里面，有时会放在外面。放在里面的好处是稳定性好，能最大限度地起到"制动"的作用；用在外面的好处是穿戴和调节方便，但制动性会有所下降。一般来说，当环境变化不明显，不需要随时调节或脱掉护膝时，放在里面比较好，反之，放在外面比较好。无论是护膝还是登山杖，都只是提供辅助性的保护。保护膝盖，最根本的还是要经常锻炼，增加肌肉的力量、给自己配备科学合理的负重，以及在活动中保持动作的合理。户外运动中膝盖受损，这已经是一个相当普遍的问题。

3. 日常保养、维护

（1）将护膝置于干燥通风处，注意防潮。

（2）不宜在阳光下暴晒。

（3）使用时，请注意保洁。

（4）禁止长时间浸水浸泡，绒布面可浸水轻轻揉搓，功能面用清水轻轻擦拭即可，避免熨烫。

（5）洗涤方法：用冷水手洗或机洗，晒干即可，无须脱水。

六、全身式安全带

全身式安全带（见图2-7）是指为了保护人的躯干，把坠落力量分散在大腿的上部、骨盆、胸部和肩部等部位的安全保护装备，包括用于挂在锚固点或吊绳上的两根安全绳。

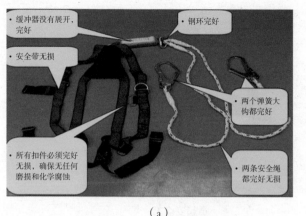

- 缓冲器没有展开，完好
- 钢环完好
- 安全带无损
- 两个弹簧大钩都完好
- 所有扣件必须完好无损，确保无任何磨损和化学腐蚀
- 两条安全绳都完好无损

（a）

（b）

图2-7　全身式安全带

1. 基本要求

（1）全身式可调节设计。

（2）可滑动背部 D 型环佩戴更舒适。

（3）配有一个后部挂点和前胸编织带双挂环。

（4）配有定位腰带。

（5）表面涂有杜邦 Teflon 无色透明涂层。

（6）Duraflex 专利的弹性织带，可以承载181kg 质量。

2. 使用前的检查工作

（1）安全带没有出现断裂或损坏。

（2）"D" 环没有变形。

（3）扣环工作正常。

（4）缝合牢靠。

（5）金属部件状况良好。

3. 使用步骤

（1）抓住后部的 "D" 形环，拿起安全带，如图2-8所示。

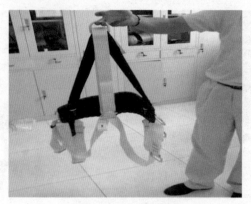

图2-8　拿起安全带

（2）把安全带穿在身上，就好像穿外套一样，如图2-9所示。

图2-9　把安全带穿在身上

（3）把腿带系在腿上，确保无扭曲后，搭好搭扣，如图2-10所示。

图2-10　把腿带系腿上

（4）拉紧或松开吊带末端，以调整腿带，如图2-11所示。

图2-11 拉紧或松开吊带末端

（5）调整安全带后，检查确定吊带没有扭曲或交叉，而且后部"D"形环位于肩胛骨处，如图2-12所示。

图2-12 检查确定吊带没有扭曲或交叉

4. 使用注意事项

（1）不要在缓冲系绳上打结。

（2）不要将缓冲系绳用作维修绳索或调运绳索。

（3）高处作业时必须同时使用两条安全绳，严禁单挂。

（4）高处作业如无固定挂处，应采用适当强度的钢丝绳或采取其他方法悬挂。禁止挂在移动或带尖锐棱角或不牢固的物件上。

（5）高挂低用。将安全带挂在高处，人在下面工作。它可以使有坠落发生时的实际冲击距离减小。

（6）安全带要拴挂在牢固的构件或物体上，要防止摆动或碰撞。

（7）安全带严禁擅自接长使用。

（8）安全带不使用时要妥善保管，不可接触高温、明火、强酸、强碱或尖锐物体，不要存放在潮湿的仓库中保管。

5. 维护及保养

Duraflex 织带 TEFLON 这种高科技的无色防护层专业处理。防水、油、脂、污垢积聚和混凝土灰尘，多次清洗后依然保持良好的耐磨性和耐污染性。

七、正压式消防空气呼吸器

正压式消防空气呼吸器（见图2-13）为自给开放式空气呼吸器，

图2-13　正压式消防空气呼吸器

可以使消防人员和抢险救护人员在进行灭火战斗或抢险救援时防止吸入对人体有害毒气、烟雾、悬浮于空气中的有害污染物。正压式消防空气呼吸器也可在缺氧环境中使用，防止吸入有毒气体，从而有效地进行灭火、抢险救灾救护和劳动作业。适合于消防员或抢险救援人员在有毒或有害气体环境、含烟尘等有害物质及缺氧等环境中使用，为使用者提供有效的呼吸保护。广泛用于消防、电力、化工、船舶、冶炼、仓库、试验室、矿山等部门。

1. 主要特点

（1）采用新型大视野全面罩，防雾、防眩、视野开阔、气密性好、佩戴舒适。

（2）供气阀体积小、供气量大、性能可靠，使用中不影响视野。

（3）背板由碳纤维复合材料制成，重量轻、强度高。按人体工程学设计，佩戴更舒适、更方便。

（4）采用新型减压器，体积小巧紧凑，内置安全阀，性能可靠，无任何调节装置，免维护。设有备用接口，可根据需要加装他救接头或外供气源。

（5）压力表具有防水、防震、夜光显示功能。余压报警器体积小、重量轻、报警准确洪亮。

（6）瓶阀装有棘轮止逆装置，可防止使用中被无意关闭，可选带压力显示的瓶阀，在阀门关闭时也能显示瓶内储气压力。

（7）同一套背板6.8L和9.0L碳纤维复合气瓶可任意更换。

2. 组成部分

正压式消防空气呼吸器由19个部件组成，如图2-14所示。

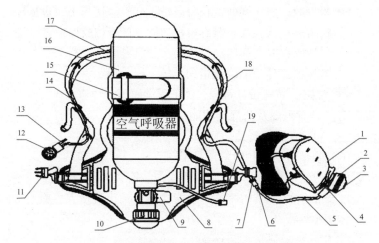

图2-14　正压式消防空气呼吸器的组成

1—正压式全面罩；2—正压式空气供给阀；

3—正压式空气供给阀供给开关；4—正压式面罩呼气阀；

5—中压导管供给阀插头组；6—快速插头；7—快速插头锁紧帽；

8—背托组；9—减压器；10—气瓶开关；11—腰带；12—气源压力表；

13—气瓶余压报警器；14—肩带；15—气瓶；16—气瓶固定带；

17—高压导气管组；18—中压导气管减压器插头座组；19—他救接口

3. 功能介绍

（1）面罩：为大视野面窗，适用于亚洲人脸形，面窗镜片采用聚碳酸酯材料，具有透明度高、耐磨性强、防雾功能，采用网状头罩式佩戴方式，佩戴舒适、方便，胶体采用硅胶，无毒、无味、无刺激，气密性能好。

（2）气瓶：为铝内胆碳纤维全缠绕复合气瓶，压力30MPa，具有质量轻、强度高、安全性能好、储气量大、使用时间长等特点，瓶阀具有高压防护装置。

（3）瓶带组：瓶带卡为一快速凸轮锁紧机构，并保证瓶带始终处于一闭环状态。气瓶不会出现翻转现象。

（4）肩带：由阻燃聚酯织物制成，背带采用双侧可调结构，使重量落于腰胯部位，减轻肩带对胸部的压迫，使呼吸顺畅。并在肩带上设有宽大弹性衬垫，减轻对肩的压迫。

（5）报警哨：置于胸前，报警声易于分辨，体积小、重量轻。

（6）压力表：大表盘、具有夜视功能，配有橡胶保护罩。

（7）气瓶阀：具有高压安全装置，开启力矩小。

（8）减压器：体积小、流量大、输出压力稳定。

（9）背托：背托设计符合人体工程学原理，由碳纤维复合材料注塑成型，具有阻燃及防静电功能，质轻、坚固，在背托内侧衬有弹性护垫，可使佩戴者舒适。

（10）腰带组：卡扣锁紧、易于调节。

（11）快速接头：小巧、可单手操作、有锁紧防脱功能。

（12）供给阀：结构简单、功能性强、输出流量大，具有旁路输出、体积小等特点。

4. 空气呼吸器使用前的检查

（1）检查全面罩的镜片、系带、环状密封、呼气阀、吸气阀是否完好，与供给阀的连接是否牢固。全面罩的部位要清洁、不能有灰尘或被酸、碱、油及有害物质污染，镜片要擦拭干净。

（2）供给阀的动作是否灵活，与中压导管的连接是否牢固。

（3）气源压力表能否正常指示压力。

（4）检查背具是否完好无损，左右肩带、左右腰带缝合线是否有断裂。

（5）气瓶组件的固定是否牢固，气瓶与减压阀的连接是否牢固、气密。

（6）打开瓶头阀，随着管路、减压系统中压力的上升，会听到气源余压报警器发出的短促声音；瓶头阀完全打开后，检查气瓶内的压力应在28~30MPa范围内。

（7）检查整机的气密性，打开瓶头阀2min后关闭瓶头阀，观察压力表的示值1min内的压力下降不超过2MPa。

（8）检查全面罩和供给阀的匹配情况，关闭供给阀的进气阀门，佩戴好全面罩吸气，供给阀的进气阀门应自动开启。

（9）根据使用情况定期进行上述项目的检查。空气呼吸器在不使用时，每月应对上述项目检查一次。

5. 空气呼吸器的佩戴方法

（1）佩戴空气呼吸器时，先将快速接头拔开（以防在佩戴空气呼吸器时损伤全面罩），然后将空气呼吸器背在人身体后（瓶头阀在下方），根据身材调节好肩带、腰带，以合身牢靠、舒适为宜。

（2）连接好快速接头并锁紧，将全面罩置于胸前，以便随时佩戴。

（3）将供给阀的进气阀门置于关闭状态，打开瓶头阀，观察压力表示值，以估计使用时间。

（4）佩戴好全面罩（可不用系带）进行2~3次的深呼吸，感觉舒畅，屏气或呼气时供给阀应停止供气，无"咝咝"的响声。一切正常后，将全面罩系带收紧，使全面罩和人的额头、面部贴合良好并气密。

（5）空气呼吸器使用后将全面罩的系带解开，将消防头盔和全面罩分离，从头上摘下全面罩，同时关闭供给阀的进气阀门。将空气呼吸器从身体卸下，关闭瓶头阀。

6. 空气呼吸器使用时注意事项

（1）在佩戴全面罩时，系带不要收得过紧，面部感觉舒适，无明显的压痛。全面罩和人的额头、面部贴合良好并气密后，此时深吸一口气，供给阀的进气阀门应自动开启。

（2）一旦听到报警声，应准备结束在危险区工作，并尽快离开危险区。

（3）压力表固定在空气呼吸器的肩带处，随时可以观察压力表示值来判断气瓶内的剩余空气。

（4）拔开快速接头要等瓶头阀关闭后，管路的剩余空气释放完，再拔开快速接头。

7. 空气呼吸器使用后的处理

空气呼吸器使用完后应及时恢复使用前战斗准备状态，并做以下工作。

（1）卸下全面罩，用中性或弱碱性消毒液洗涤全面罩的口鼻罩及人的面部、额头接触的部位，擦洗呼气阀片；最后用清水擦洗。洗净的部位应自然干燥。

（2）卸下背具上的空气瓶，擦净装具上的油雾、灰尘，并检查有无损坏的部位。对空气瓶充气。

（3）将空气瓶接到减压器上并固定在背具上。

8. 空气呼吸器的检查和维护

（1）日常常规检查和维护。

1）整机气密性检查。关闭空气呼吸器供给阀的进气阀门，开启瓶头阀，2min 后再关闭瓶头阀，压力表在瓶头阀关闭后1min 内的下降值应不大于2MPa。如果1min 内压力下降值大于2MPa，应分别对各个部件和连接处进行气密性检查。

2）报警器的报警压力。打开气瓶瓶头阀，待压力表指示值上升至7MPa 以上时关闭瓶头阀，观察压力下降情况至报警。报警起始压力应在0.5~5.5MPa。如果报警起始压力超出了这一范围，应卸下报警器，检查各个部件是否完好，如损坏应更换新的部件。

3）供给阀和全面罩的匹配检查。关闭供给阀的进气阀门，佩戴好全面罩后，打开瓶头阀，在吸气时会听到"嗞嗞"的响声，表明供给阀和全面罩的匹配良好。如果在呼气和屏气时，供给阀仍然供气，还能听到"嗞嗞"的响声，说明不匹配。这时应对供给阀和全面罩进行全面检查或更换供给阀和全面罩，重新做匹配检查，直到合格为止。

（2）日常维护。

1）空气瓶和瓶头阀。

① 空气瓶避免碰撞、划伤和敲击，应避免高温烘烤和高寒冷冻及阳光下暴晒，油漆脱落及时修补，防止瓶壁生锈。

② 空气瓶要按气瓶上规定的标记日期使用，定期进行检验，每

三年进行一次水压试验，合格后方可使用。

③ 空气瓶内的空气不能全部用尽，应留有不小于 0.05MPa 的剩余压力。

④ 瓶头阀拆下维修后重新装上空气瓶时，要经过 28~30MPa 的气密性检验，合格后方可使用。

2）减压器。减压器在使用过程中不要随意拆卸。当安全阀漏气时，应对减压器的腔室压力和安全阀进行重新检验。

3）全面罩。

① 空气呼吸器不使用时，全面罩应放置在包装箱内，存放时不能处于受压状态。全面罩应存放在清洁、干燥的仓库内，不能受阳光暴晒和有毒气体及灰尘的侵蚀。

② 一般情况下严禁拆卸供给阀。出现故障维修时，按原样装好，检验合格后方可使用。

（3）注意事项。

1）空气呼吸器及其零部件应避免阳光直射，以免橡胶件老化。

2）空气呼吸器严禁接触油脂。

3）应建立空气呼吸器的保管、维护和使用制度。

4）空气瓶不能充装氧气，以免发生爆炸。

5）每月应对空气呼吸器进行一次全面的检查。

6）空气呼吸器不宜作潜水呼吸器使用。

7）压力表应每年进行一次校正。

8）用于呼吸的压缩空气应清洁，符合下列要求：一氧化碳不超过 $5.5mg/m^3$，二氧化碳不超过 $900mg/m^3$，油不超过 $0.5mg/m^3$，水不超过 $50mg/m^3$。

9. 保养检查

空气呼吸器必须经过清洁后才能存放，如果发现有损坏的部件，应该做好标注，注意不再使用。清洁呼吸机的步骤如下。

（1）检查有无磨损或老化的零件。

（2）取下锁气阀。

（3）清洁面罩。

1）温水中加入中性肥皂液或清洁剂进行洗涤，然后用净水冲洗干净。用医用酒精擦洗面罩，进行消毒。

2）消毒后，用清水彻底清洗面罩。冲洗面罩，然后晃动，甩干残留水，然后用干净的软布擦干或者吹干，但要注意不要使用一般的空气或其他任何含润滑剂或湿气的空气。

（4）供气阀的清洗、消毒。

1）用海绵或软布将供气阀外表面明显的污物擦拭干净。

2）从供气阀的出气口检查供气阀内部。如果已变脏，请维修人员来清洗。

（5）供气阀检查。供气阀检查并不意味着完整的供气阀性能测试。只有使用维修检测仪，才能对供气阀的性能进行测试。再次使用之前，使用者必须按本说明书供气阀操作检查部分的要求进行供气阀的操作检查。

（6）用湿海绵或软布将呼吸器其他不能浸入水中清洗的部件擦洗干净。

10. 故障判别与解决措施

故障判别与解决措施见表2-2。

表2-2　故障判别与解决措施

故障现象	故障原因	解决措施
呼气阀开启净压力超标或呼吸阻力过大	呼气阀阀片黏滞	清理或更换阀片
瓶头阀和减压器连接处漏气	螺纹松动 O 形圈磨损	拧紧减压器上的旋钮或更换 O 形圈
瓶头阀和空气瓶连接处漏气	O 形圈磨损或老化	更换 O 形圈
瓶头阀漏气	阀门垫损坏或 O 形圈磨损老化	更换阀门或更换 O 形圈
减压器阀门漏气	螺纹松动或阀门损坏	拧紧阀门或更换新的阀门
压力表无指示	压力表损坏漏气、管路堵塞、高压管路漏气、高压管与压力表连接处漏气	更换新的压力表、疏通管路或更换新的管路、更换新的密封垫

续表

故障现象	故障原因	解决措施
供给阀和全面罩连接处漏气	密封垫粘有污物或损坏	清洁密封垫或更换新的密封垫
全面罩漏气	胶体老化或连接处松动	更换新的全面罩或紧固连接处
供给阀动作不灵活	零件粘合或损坏	清洁零件或更换新的零件
其他故障背托、腰带、肩带、夹扣等	损坏	修补或更换

第二节　单兵生活装备

一、冲锋衣

冲锋衣（见图2-15）之所以能成为所有户外爱好者的首选外衣，是由其全天候的功能决定的。因为冲锋衣最早用于在登高海拔雪山时，当离顶峰还有2~3h路程时的最后冲锋，这时会脱去羽绒服，卸下大背包，只穿一件冲锋衣轻装前进，这就是中文名字的由来。

图2-15　冲锋衣

1. 特点

（1）专业防水，是指无论您坐在潮湿的地方，还是行走在风雨交加的环境中，都能够有效地阻挡雨水和霜雪的入侵，令水不能渗透入衣服内让你感到潮湿和寒冷。

（2）透气，当你进行大运动量的户外运动时身体自然流汗，皮肤呼出大量湿气，如果不能迅速排出体外，必定导致汗气困在身体和衣服之间，令人浑身湿透，在阴雨天气下，就会令人感到更加潮湿、寒冷。特别是在高山、峡谷等严寒的条件中，身体的寒冷和失温是非常危险的，所以服装良好的透气性是非常重要的。

（3）防风，是指百分之百地防止风冷效应。在多变的自然环境下，当冷风穿透我们的衣服时，会吹走我们身体皮肤附近的一层暖空气，这层暖空气大约一厘米厚，温度在34~35℃，湿度在40%~60%。即使这层暖空气发生一点点微小的变化，也会使我们感到发冷和不舒服。当冷风吹进衣服，破坏了这层暖空气，导致热量迅速流失，体温下降，我们就会立刻感到丝丝寒意，这就是所谓的风冷效应。

2. 维护与保养

（1）穿着时的保养：冲锋衣的质量相对普通衣物来说是比较耐用的，但是不管品质再好，随着穿着时间的增加冲锋衣的防水透气层都会逐渐磨损老化。在穿着户外旅行时，不要让背包长期地挤压冲锋衣，因为长期的挤压磨损会加快冲锋衣防水透气薄膜的磨损，应当将冲锋衣的裙摆拉到腰带上方然后再扣腰带，这样就能够有效地避免冲锋衣被背包带所带来的磨损。

（2）冲锋衣要适当地根据情况清洗：虽然冲锋衣是比较耐脏的衣物，但是当冲锋衣穿过一段时间后表面难免会沾到脏污的东西，或者被酸性的雨水所淋湿，这个时候如果不是近期要穿着冲锋衣，就应该对冲锋衣进行一次清洗。因为冲锋衣的透气防水性能主要由于它的布料当中的一层防水透气膜，这层膜疏松而多孔，可以隔绝水珠，又能让气体通过。但是如果冲锋衣沾到泥土或者油污后，这些污垢就会堵塞防水透气膜的空隙，从而会导致降低冲锋衣的透气性能。此外，雨水中还有一定的酸性腐蚀物质，容易加速布料的老化，因此在这种情况下就需要将冲锋衣清洗。

（3）不要频繁清洗冲锋衣：这点貌似和上条有些矛盾，但事实不是这样的，冲锋衣要根据情况来清洗，这种情况有两种：第一，户外旅行穿着后，沾满了泥土、油污，或者淋过雨水后；第二，就是当长期不穿着冲锋衣时。如果不是这两种情况，只是平常穿着，就不应该把冲锋衣当成普通衣物那样，只穿一星期就去清洗了，虽然正确的清洗方法可以避免对冲锋衣的损伤，但是对于冲锋衣这种用压胶制的衣服来说，频繁的清洗还是非常有害的。不应当根据穿着的时间，应当根据冲锋衣穿着后的受脏程度来判断是否清洗。

（4）清洗和保养。

方法一：手洗。

1）采用中性的洗涤剂，用不超过30℃的温水化开，然后将冲锋衣浸泡5min左右。

2）用软毛刷对冲锋衣比较脏的部位进行刷洗，注意不要用力过猛。

3）使用大量的清水进行漂洗，一定要将洗涤剂彻底漂洗掉。

4）不要对冲锋衣进行拧干等操作，应该直接放在自然环境下晾干，同时要注意避免太阳光暴晒。

5）不要对冲锋衣进行高温熨烫。

6）除非冲锋衣真的很脏了，否则不必经常频繁地对冲锋衣进行清洗，以免损伤冲锋衣。

7）为了更好地对冲锋衣进行保养，应该定期使用防泼水剂对冲锋衣的防水性进行修复和保养。

方法二：机洗。

机洗冲锋衣的时候主要要选择具有专业户外服装洗涤和烘干程序的洗衣机，能够保护冲锋衣的防水透气层。

1）洗涤：洗衣机要能够调整合适的洗涤节奏和力度，在洗干净冲锋衣的时候，要注意避免洗涤摩擦损伤冲锋衣的防水涂层。

2）漂洗：洗衣机要具有泡沫自检技术，能够彻底地去除洗涤剂残留物，避免化学剂损伤防水涂层。

3）脱水：洗衣机在把冲锋衣的水缓缓脱出的过程中，不能损伤冲锋衣的涂层。

4）烘干：洗衣机能够在不高于55℃的低温下将冲锋衣烘干，这样可以避免高温损伤防水透气涂层；如果能配合使用专业的防泼水剂，效果就更好了。

二、单兵净水壶

净水瓶（见图2-16）使用了一个高度先进的超级过滤系统，起初致力于工业上的应用。

净水瓶可以去除细菌、病毒、胞囊、寄生虫、真菌，以及其他在水中传播的微生物

图2-16　净水瓶

病原体。净水瓶使用了失效保护技术，这意味着当滤芯失效后会自动关闭以防止使用者误饮用污染的水。

1. 参数

最低工作温度：>0℃（32 ℉）

最高工作温度：50℃（122 ℉）

最低存储温度：−10℃（14 ℉）

最高存储温度：60℃（140 ℉）

初始流速：2.5L/min

滤芯使用寿命：4000L

MWCO（截留分子量）：200千道而顿（葡萄糖聚合物测试）

细菌残留：>99.999995%

病毒残留：>99.999%

化学物质减少量：活性炭过滤器可以有效地减少化学物质残留，如杀虫剂、内分泌干扰物、药物残留和重金属。

2. 结构

净水瓶的结构如图2-17所示。

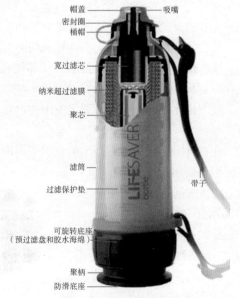

图2-17　净水瓶的结构

3. 使用

（1）黄色盖帽、吸嘴，还有桶帽全部闭紧（也就是收到货时的状态，不动即可）。

（2）旋下可旋转底座，倒上水，然后用气泵打气，打上几下，感觉到一定压力就可以了，然后锁住泵柄，静置救生水瓶5min，这样水瓶就可以使用了。

（3）倒掉瓶子里的水，装入新水，用气泵打气，把白色吸嘴往外轻轻用手拔出，水就喷出来了。刚喷出的水还不能喝，因为瓶体内可能有一些活性炭粉和橡胶零件的加工碎屑，需要冲洗3次左右就可以饮用了。

（4）刚开始使用 Lifesaver 救生水瓶的时候，水出得比较慢，这是因为滤芯正在被激活，用过几次后，水量就比较大了，稍加压力就能很快喷出来。

旋转底座内的海绵起预过滤器的作用，可以过滤树枝树叶、大的颗粒物等，也可以用来吸水，比如在岩缝中或者小水洼中可以使用海绵吸水，然后用手挤到瓶子中。

净水瓶的使用步骤如图2-18所示。

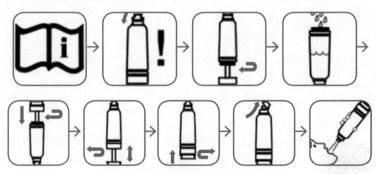

图2-18　净水瓶的使用方法

4. 维护及保养

（1）户外场合。将盖帽合上，移开底座，记住要使用预过滤器，轻轻地用水冲洗瓶子。冲洗的水可以来自河流，小溪或者水坑中。这可以清除瓶中和滤芯表面的污渍和碎屑，这些可以加快水的流速。这些步骤在需要的时候要重复做，记住永远让您的滤芯免受污渍和碎屑的污染。

（2）室内场合。

1）倒空瓶子里面和吸嘴末端的水。

2）拧开或移除底座。

3）用您的手托着底座支撑着滤芯。

4）保持瓶子处于垂直的位置，拧开盖帽，滤芯就会自动落在你的手上。

5）在滤芯上拧上桶帽并盖上盖帽（这一步骤很重要，因为它阻止了脏水从滤芯内部进入。如果您没有做到这一点，您将面临着滤芯被污染的威胁，建议您换掉滤芯）。

6）现在您可以将您的净水瓶安全地浸没在盆中，轻轻地用水冲洗它，污渍和其他物质将会从超级滤膜表面消除。

7）将洗过的水倒掉，重复清洗几次。

8）放置滤芯24h以排掉水。

9）重新组装，将滤芯放到瓶中，确保滤芯和净水瓶颈部稳稳地接合。

10）轻轻地转动滤芯确保滤芯完全地和瓶子颈部接合。用一只手拿着滤芯，拧上密封圈。

三、登山包

登山包（见图2-19），顾名思义是登山者用来装载物资装备的背囊。登山包由于它设计科学、结构合理、装物方便、负重舒适、利于长途跋涉而受到登山者的喜爱。

1. 特点

图2-19　登山包

登山包设计科学、结构合理、装载物品方便、背上舒适轻松，利于长途跋涉，故而受到人们的喜爱。登山包的结构可分为三个部分，即背负系统、装载系统和外挂系统。登山包的背负系统包括：双肩背带、腰带、胸带、受力调整带、背负支撑机构和调整装置。登山包优劣最大的差别就在于背负系统，背负系统性能优良的登山包在设计上，不仅要考虑通风，也要考虑便于受力传递，同时还要考虑背负的舒适性和承重强度。

2. 使用说明

背袋容积大，将所有东西通通装入，取拿时既不容易分辨又费时。最好多准备几个塑料袋，除路上要经常取用的东西之外，一切东西都应先用塑料袋分类装成小袋子系好口，然后才放入背袋之中，这样一来不会弄乱，二来即使在路上天逢下雨，也不担心物品打湿（特别是电池、药品等物件。最少要有一套衣物、一包干粮装在塑料袋之中）。另外，有一种伸缩性棉制袋子，装易破损的东西。这种袋子可用旧的衣服缝制而成。

3. 注意事项

在处于有利地形时，应将背包的重心移到上部；而处于较为不利地形时，应将背包重心移到中部。一般装载物品的顺序自上而下为：给养、饮料、较重设备、较轻装备、睡袋及衣物，背行者在使用中尽可体味。

4. 日常保养

（1）包内如果要装一些金属用具，这些摩擦伤害很大的东西，不要贴近包内壁，否则也是一种内部伤害。

（2）背包被划破就要即时缝补，要选用较粗的针线，是专门缝补椅垫的针具，须缝牢，尼龙线可用火烤断。

（3）在晚上的户外，最好有保护套包住背包，这样才不会因为露水伤害了背包。

（4）宿营期间，背包要关紧，避免如黄鼠狼、老鼠等小型动物盗粮，入夜须使用背包套覆盖背包，即使晴朗的天气，露水依然会沾湿背包，雪期，可用背包作为雪洞的门，若蹚行或爬行于树林、灌木林，装填背包调低重心较适合。

（5）宿营可将空背包置于脚下套于睡袋外，绝缘于寒冷的地表改进睡觉的温度回来必须将背包清理干净。

（6）还在户外的时候，要注意背包的扣有没有拴紧：一是避免走过一些地方的时候，钩子之类的东西拉破背包，二是防止掉落东西，三是在夜晚防止有老鼠或者虫子钻进去。

（7）收藏背包须是阴凉、干燥的环境，避免发霉损害背包布外层的防水镀膜。平日检查主要支撑点，如腰带、肩带，背负系统的稳定性，避免垫片恶化或硬化而不知，拉链该换就要换，不要等到东西溜出背包才补救。

（8）在清洗的时候，干泥可以直接用刷子清洗，如果用水洗，容易让污泥融入布料里。如果是油渍，建议用中性成分的洗涤液。另外，洗完后应该自然风干，直接大晒也会伤害背包材质。

四、登山鞋

图2-20　登山鞋

登山鞋（见图2-20）开口需足够的空间，即使是潮湿或雪地也能穿脱容易。鞋舌须足以防水侵入。缝合线距需窄能避免水入侵。脚趾与脚后跟需2~3层的皮革或织品保护。脚趾前端较硬，不会因穿着冰爪扣带而挤压或踢踏硬冰雪造成脚趾受伤。脚后跟比较硬，增加行进期间脚的稳定度，雪期下坡才能踩出立足点。选择登山鞋时须考虑保持平衡、支撑身躯、软垫的缓冲能力、坚硬的鞋底、抗水性、鞋的适合重量。如轻便鞋适合行走于传统路线的轻便之路，而非传统路线如蹬行于树林或攀岩须选择较硬点的鞋，一般而言，轻便的鞋无法提供足够的平稳度去背负较重的背包，同时行走于困难地形更需要保护自己的脚踝、脚后跟与脚趾的支撑力。

1. 规格型号

轻型登山鞋：主要为短途跋涉者设计，适合于一般的户外野营，所登山地不复杂，在外停留时间也只有一到两天。这种鞋比较柔软、透气性好、穿着舒适，但鞋底的硬性、耐磨性在登山鞋中是最低的。

中型登山靴：主要为中等路程的跋涉者设计，适合于随身携带的登山用具较多，所登山地类型不是非常复杂，跋涉路程为短途至中等路程的登山者。这种靴子靴底具有良好的硬性及耐磨性，靴帮中等高度，可有效保护脚及踝关节。

重型登山靴：主要为长途路程的跋涉者设计，适合于携带较重的登山器材，所登山地类型较为复杂，在外停留时间较长的登山者。这种靴子靴底具有较强的硬性及耐磨性，可较好地保护脚底。部分型号还可以装上冰爪。靴帮要比中型靴的靴帮高。

雪山登山靴：这种靴子是专门为登海拔6000m以上雪山的人设计的。靴底和靴帮均具有较强的硬性，可装冰爪。靴子较重，柔软性较差。靴底采用内衬钢板，靴面采用硬塑树脂材料，靴帮较高。

2. 特点

（1）防水性。对于很多专业背包族来说，选择购买登山鞋正是看中了该项功能，这是运动鞋或普通旅游鞋所无法比拟的。一般旅游者大都比较注意鞋的舒适性，而对鞋的防水透气性关注较少。据专业测试，一双湿脚散热的时间（在冬季）约是干脚的23倍。而且在户外，一双湿脚很容易冻伤或受到其他伤害。另外，一双湿鞋很重，为行走增加负担。

（2）防滑性。登山鞋的鞋底也是很有特色的，不同的厂商根据各自的研究设计出了不同的鞋底花纹，当然绝大多数还是以大波纹形的底纹为主，这有助于增大鞋的防滑性能。

（3）足部保护功能。户外活动中，不论是登山还是远足，长时间、大运动量的活动对于足部都形成了巨大的负荷。所以登山鞋要提供非常好的足部保护功能。

除了上述的防水、防滑之外，登山徒步鞋在设计和用料上必须考虑对脚踝、脚板和脚趾提供充分的保护。

（4）耐用性。前面的三个指标主要针对的是舒适性。对于在户外恶劣环境使用的登山鞋而言，耐用也是一个必备的指标。

早期的登山徒步鞋多使用明线，这样外观看起来非常古朴，但也存在鞋身不耐磨的问题。新型登山徒步鞋的明线非常少，耐磨性明显提高。

除了设计的因素，鞋的材料和使用保养也决定了耐用程度。一般而言，全皮面的鞋要比混合面的更耐用。

3. 注意事项

尽量保持鞋子的清洁，尤其每次活动过后，至少要用软毛刷将鞋上的泥土灰尘刷掉。大多数材质的鞋子，可用中性肥皂加清水清洗（注意不要随便使用清洁剂清洗），湿的鞋子将水沥干后塞报纸置于阴凉通风处，切忌用火或烘干机烤干，如此会破坏鞋子的材料（特别是 Gore-Tex 的鞋子）。鞋内杂物清干净，鞋垫取出另外清洗。等鞋子干燥后，于皮面涂上保革油。涂保革油时，用手指慢慢涂抹均匀，透过体温帮助皮革将油吸收进去，并特别注意缝线处的上油。鞋子（特别是皮革部分）要经常保养，最好养成习惯，于每次活动后立刻清洁保养。鞋子不用时，放置于干燥、恒温、灰尘少的地方，如此方能使鞋子更为耐用，并保持最佳状态。

4. 维护保养

行进过程，水会从鞋口与接缝线侵入，最好使用绑腿防止水从靴口侵入，而防水剂可以改进鞋面与缝线的防水程度，新购入的登山靴须用防水剂重复涂抹一段时间，同时登山靴须保持干燥与干净，防水剂须涂抹缝合线与针孔，活动出发前一至两天须使用防水剂涂抹鞋面，让皮革完全吸收，皮革为深褐色，并注意制造商的使用注意事项，尼龙布的登山靴，因孔隙多不易防水可以使用矽胶衍生物喷剂，不论任何靴子须保持干爽状态（缝线部位和不同材料结合部位，这里是最薄弱的环节）。

五、户外炊具

户外炊具（见图2-21）一般情况下都会选择，户外便携野餐餐具

（碗/碟/盘）耐用，携带方便，耐酸碱，对油脂、酸、碱及各种溶剂都具备优越抵抗性；不受油、汽油、有机溶剂侵蚀，不易被染色，耐水性、耐洗涤性佳，适用于市面任何一种清洗剂洗涤。

图2-21　户外炊具

1. 特点

耐热耐寒，－20~+120℃性能优良；导热性低，经使用证明，盛装开水，握持无灼痛感。

高压成型，安全卫生，无毒无味，符合环保要求；符合 EN-71 等相关安全性标准，长期使用对人体无任何不良影响；不会对环境造成污染，能降解在土壤中。

重量轻，比重1.6；质硬、耐冲击、耐摔，电气绝缘。

2. 应用领域

炊具在户外装备重量上是占有相当的比重的。其轻量化的措施主要表现在整体结构的最简约化和材料的超轻化上。就炊具材料来说，轻质的铝材是国内户外餐具现在的主流产品，而钛金属则是目前制作轻量金属炊具的首选材料。钛合金不仅具有重量轻（约为不锈钢的40%），硬度强（是普通钢的2倍），耐腐蚀和不过敏的特性，而且还具有非常好的热传导性。十分适合制作成各类户外炊具和户外餐具器皿。

六、净水桶

净水桶，也称救命水桶（Jerrycan）（见图2-22），就像是一个随身携带的迷你净水厂。利用亲水中空纤维管作为微生物超级滤器，将水中所有的微生物污染源移除，该滤芯可去除细菌、病菌、胞囊、寄生虫、真菌及其他所有可经饮水传播的微生物病原体。

图2-22　净水桶

1. 结构

净水桶的结构如图2-23所示。

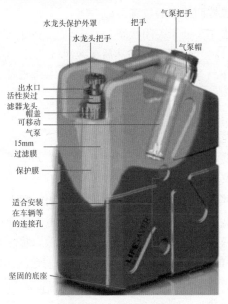

图2-23　净水桶的结构

2. 参数

最低工作温度 >0℃ （32 ℉）

最高工作温度 50℃ （140 ℉）

最低存储温度 –10℃ （14 ℉）

最高存储温度 50℃ （140 ℉）

初始流速 2L/min@1.0bar1

滤芯使用寿命： 10000L （自来水约 2 年时间）

净水桶容量 18.5L

3. 使用

确保滤芯被正确稳固地安装到位。检查净水桶的气泵是否能正常地工作，按照要求在活塞顶部涂抹少量的硅脂。忘记这一步骤很可能导致 O 型环的破损。执行滤芯薄膜完整性检查。如果您认为您要去旅行的地方可能存在化学物质污染，我们建议您要安装活性炭过滤器。这可以降低野外操作的危险。

（1）拧开并移除气泵。

（2）装水至桶的顶部。

（3）将气泵拧回原来的位置。

（4）确保水龙头处于关闭状态。

（5）逆时针将气泵柄解锁，然后缓缓地将气泵手柄拉起。

（6）压几下气泵（如果净水桶是满的，只需要简单地压几下水就可以出来）。

（7）将气泵柄放下，顺时针将其锁住。

（8）将水龙头打开水就会自动流出。

（9）不需要水时关闭就好。

4. 维护及保养

（1）野外场合：在野外使水龙头处于关闭的状态。拿开气泵，装入 2~3L 尽可能干净的水，冲洗掉桶底沉淀物。在净水桶装入尽可能干净的水，轻轻地摇晃冲洗桶内壁一到两分钟。将净水桶倒置，放掉水，如果需要的话重复以上步骤。尽可能地使超滤薄膜免受固体颗粒物的困扰。

（2）室内场合。

1）倒空净水桶中的水。

2）拧开水龙头的盖子。

3）将滤芯从桶上拿开，拿掉 O 型环。（保持 O 型环安全与清洁）。

4）用保护罩盖住滤芯末端，这一点是非常重要的，因为它可以阻止污染的水进入干净水域。如果您不这样做就有可能污染安全水区域，您的滤芯就需要更换。

5）现在您就可以将滤芯浸没在水盆中。轻轻地搅动水，灰尘或者其他的物质就会自动从滤芯表面脱落。清洗的时候用一只手按住保护罩，防止其脱落。

6）按照需要用水冲洗几次。您可以使用温水（非热水）来进行如上的操作。您也可以使用自来水来冲洗滤芯。

7）让滤芯自动脱水一个小时。

8）重新组装净水桶。

第三节　单兵作业装备

一、GPS手持机

手持 GPS 指全球移动定位系统，是以移动互联网为支撑、以 GPS 智能手机为终端的 GIS 系统，是继桌面 GIS、WEBGIS 之后又一新的技术热点，移动定位、移动 MIS、移动办公等越来越成为企业或个人的迫切需求，移动 GIS（见图2-24）就是其中的集中代表，使得随时随地获取信息变得轻松自如。

图2-24　移动 GIS

1. 工作原理

测量出已知位置的卫星到用户接收机之间的距离，然后综合多颗卫星的数据就可知道接收机的具体位置。

2. 参数

（1） GPS 手持机系统。操作系统： WindowsCE5.0。

处理器： 530MHz 高速 ARM920T。

内存：128MB SDRAM。显示：3.5英寸专业级户外彩色触摸屏。

（2） GPS特性。2通道 L1+ 载波相位接收机；通道 SBAS，支持 WAAS/EGNOS/MSAS 跟踪；内置高灵敏度抗干扰 GPS 天线，有外接天线接口，自动切换。

（3） 定位精度。单点定位：2.5m ； SBAS ： 1m ； 实时差分：0.5m ； 差分后处理： 0.3m ； 静态测量： ±5mm+1ppm。

（4） 数据存储。内置512MFlash 闪存，支持1G 或更大闪存；内置SD 卡槽，可无限扩展。

（5） 物理性能。大小：22×9×5cm；质量：807g （含电池）；工作温度： −20~+60℃ ； 存储温度： −30~+70℃ ； 防水： IP67 ； 防震： 抗1.5m 自由跌落。

（6） 数据通信。蓝牙、 USB、 RS232串口；内置3G 通信 SIM 卡插槽；有外接天线接口，自动切换。

（7） 电源性能。内置7.6V 锂电池，2200mAh ； 可连续工作8h 以上，支持在线充电。

（8） 应用功能。内置200万像素摄像头，具备影像标注功能；内置麦克风，具备语音标注功能。

3. 特点

（1） 多种数据采集。 G138支持传统手持机航点、航线和航迹记录、编辑等操作，提升了数据存储上限。

（2） 数据格式丰富。

数据格式兼顾专业与导航应用，支持数据的导入和导出，可输出的格式包括 shp、 mif、 dxf、 csv、 GPX、 gdb、 txt、 kml、 kmz 等多种 GIS 数据格式，以及加载地图的功能，具备 5m~3000km 比例尺放大缩小显示功能。内置世界版地图，全国路网图，全国城市详图。并且可以导入各种自定义地图格式，可以实现采集数据与地图的共同显示。

（3） 灵活面积测量。 G138支持航线和航迹测面积方式，具有专业的面积测量功能，适合不同的测量对象，有效提高测面积精度。

（4）领先电池兼容。采用2节 AA 电池和锂电池相兼容的电池仓设计，同时提升机器的待机时间到12h 以上，完全满足长时间的持续作业。

（5）海量存储空间。128MB SDRAM，4GB Flash，支持 TF 存储卡扩展。

（6）可视效果超强。G138选用适合户外工作的工业级屏幕——2.4英寸 TFT 彩色屏幕，采用人性化的软件 UI 设计，屏幕在强阳光直射下依然清晰可见。

（7）工业三防品质。IP67级防尘防水等级，满足恶劣的作业环境。

（8）轻松智能导航。G138内置全国详细地图，支持直线导航和智能导航（沿路导航），内置各种兴趣点信息，支持兴趣点查询和导航。

（9）支持用户自定义地图（CUSTOMMAPS）。G138可将不同行业的专题地图加载到设备里面，支持数字高程模型图和等高线图，可实时导入 GOOGLEEARTH 位置信息，显示当前位置。

（10）完善的坐标转换模型。G138内置 WGS84、北京54和西安80坐标系统，同时支持用户自定义坐标，满足个性化需求，支持七参数录入。专业应用无障碍。

（11）电子罗盘与气压测高。G138内置三轴电子罗盘和气压测高计，轻松掌握方位和地形变化。并配有日历、日月、计算器等实用工具。

4. 维护保养

（1）必须在露天的地方使用，建筑物内、洞内、水中和密林等类似地方无法使用。

（2）在一个地方开机待的时间越长，搜索到的卫星越多，精确度就越高。

（3）在山野上使用精度比在城中高楼林立的地方高。

（4）使用 GPS 导航比用指南针要准确可靠，因为依照指南针的方位角走，一旦走错，就会越走越偏离目标。但 GPS 永远告诉你正确的方位角，而不论偏离目标有多远。

（5）现在市面上一般民用的手持式 GPS 精度为15m，如能支持 WAAS，精度可提高到3m。

（6）注意带备足够的备用电池。

二、非接触式交流电压探测仪

图2-25　交流电压探测仪

交流电压探测仪（见图2-25）是一款非接触式的电子仪器，能检测 40~70Hz 的交流电线电压；并由可视报警和声音报警两种方式来检测是否有电压存在。声音和可视报警信号会随着离电压源的距离缩短而增强。检测能力具有较强的方向性，操作者可准确快速地探测出交流电压的来源。探测仪在启动时有一个自检过程，伴随有快速的哔哔声，并且红灯闪烁；当声音停止红灯不闪，探测仪就可以随时准备工作。拿住仪器，并使仪器与地面保持平行，传感器天线朝上；印刷侧朝向使用者，以便可以清楚地看到红色指示灯。

1. 规格参数

外壳材质：ABS 塑料；颜色：黑色；阻燃：符合 RoHS 标准。

外壳尺寸：13.9 × 8.2 × 2.6cm；保护套：硅胶，红色。

电池：1节9V 碱性电池；更换电池：移除仪器的后盖。

自测：开启后，内置自测功能，持续5s，测试包括电池电量状态，内置低电报警。

电子设计：数字装置；频率范围：探测交流电压40~70Hz。

报警显示：声音报警和可视报警，报警信号强度的增减取决于离交流电的距离。

质量：272g，含电池；装运质量：540g，含仪器、包装箱等。

外箱尺寸：26cm × 21cm × 7.8cm。

装箱尺寸25.4cm × 21.6cm × 9cm。

开关：单键开关。

防水：防溅式。

温度范围：工作温度：–30~50℃；储存和运输温度：–40~70℃。

携带方便，可装在衣兜里。

2. 应用范围

（1）室内检测：来决定交流插口或电线是否有电；检测无电线缆如电视线缆；检测墙体内线缆。

（2）机动车事故：检测事故现场和车辆是否暴露于潜在的交流电压；确认是否断路。

（3）建筑物坍塌或城市搜救：检测未知的裸露电压源或潜在的危险交流电压；确认是否断路。

（4）筑物火灾：确定电线附近的高压和潜在的危险。

（5）风暴和灾难现场的恢复：在坍塌的建筑物内或洪水现场，确定公路上或结构部分是否有带电的线缆，确定断电的范围。

（6）游泳池或其他潮湿环境：决定水中或潮湿地面。

（7）是否带电。

3. 警示与注意事项

当接近可能存在带电区域时，应该高度保持警惕。

注意：无论是使用探测仪探测带电电压还是探测之后采取行动都要极其小心。

警示：使用时如未能提高警惕或没有严格按照操作手册使用可能导致严重的受伤或死亡。

警示：当主电网跌落时就会存在很大的危险性，断开电路，主电网还会有电流存在；自动化电力设备会再次重新连接交流电（主网），而这些自动连接都是由电力公司的电脑控制的，关于自动连接的间隔和频率也没有确切的规定，一般情况会在第一分钟内尝试三到四次然后停止连接。

注意：不管跌落的电线位于什么位置，都要确保电力公司已经断开主电路部分；总是要及时处理跌落的电线。只有当地的电力设备公司专业人员才能恰当地断开地面带电主网电路，确保安全处理电线。

警示：漏电检测仪不能用于探测直流电，比如汽车中或铁轨上发现的电池；也不能探测隐蔽的交流电压（金属导线管）。当多处存在带电交流导体时，在使用漏电检测仪时要极其小心。

4. 仪器的使用

（1）启动时自检。滑动仪器开关键打开检测仪，开关键位于仪器的右侧面。仪器本身会进行约5s的自检过程，并伴有快速的哔哔声和红灯闪烁。一旦哔哔声停止、红灯不闪，便可以使用仪器。

（2）检测仪具有方向性。漏电检测仪可以确定泄漏点，将检测仪指向已知的电源处，并慢慢向电源处靠近，注意你如何确定交流电的所在位置。

（3）如何持握探测仪。以一臂之远握住检测仪，并保持与地面平行，传感器天线朝前，印刷字体面朝上，这样便可以清晰地看到红色指示灯。探测时，在不同的方向探测交流电压，身体与仪器之间要保持距离。

（4）室内使用。交流电压探测范围和灵敏度取决于交流电泄漏点所处的状态，如隐蔽、绝缘、已安装、损坏或暴露。灵敏度和探测距离也是根据建筑设计、结构材料和周围环境而有所改变。

当在室内使用探测仪时，它会随着你的走动而发出声响，这纯属正常现象，因为室内有多个电压源如插口、电灯、电脑、打印机等；这时要继续拿着探测仪，直到声响停止。随着你在室内移动，可能会探测到电压信号的热点，当离电线、灯或其他电源的距离更近时，声响的频率会增加，这就是如何检测电压源。做一下测试来熟悉交流电压探测仪的使用：

慢慢地接近电源插座，开始时要远离插座60cm；要注意当你离插座的距离更近时声响和指示灯闪烁的频率。

（5）户外使用（见图2-26）。在远离电线30m远的位置打开探测仪，将仪器指向电线，然后朝电线靠近，注意声响增加的频率。当把探测仪远离电线时，声响就会减弱；再返回指向电线时，声响频率则会增加。这就显示了探测仪具有方向性的特点。在熟悉的环境下多次使用探测仪进行测试，以便更好地在紧急情况下使用探测仪。

图2-26　户外使用

（6）假阳性信号。在某些区域内，在探测仪的周围随着操作者的移动，仪器会发出偶然的哔哔声，这时探测到的可能是"假阳性"信号；如果发生这种情况，握住探测仪探测时间需持续几秒钟，如果哔哔声停止，这就表明是假阳性信号，当操作者处于任意的电磁感应区内就会发生这种情况；如果哔哔声持续，附近可能存在交流电压泄漏点。

5. 功能描述

（1）漏电检测仪是一款手持式的交流电压探测器，可以探测相关带电区域交流信号强度。这种探测方法和仪器的自动声音和可视报警方式为用户对于相关信号强度和接近 40~70Hz 的交流电源提供了可靠的提示，比如电力主网线路、交流带电电路或交流供电设备。开关键位于仪器右侧面，仪器打开后先进行内置自检功能，可以测试电池的电量状况，通过可视或声音方式来显示电量是否充足。

（2）发出快速的重复声响，并且指示灯闪烁持续5s，表明电量充足，可以随时准备使用仪器。

（3）仅重复发出低声响，表明电池电量低，这时需关闭仪器更换电池。在使用过程中，电池电量较低，仪器就是发出较慢的声响，这时要更换电池。打开仪器自检完毕后，仪器就开始检测所处环境的交流电压。声音和可视报警信号（红色指示灯）的强弱取决于与所探测到的交流电压的距离。

（4）注意：有时随着你的移动，即使在没有交流电压存在的情况下，仪器也会发出偶然的报警声；因为当你遇到任意的电磁场时，这种"假阳性信号"就会发生。

漏电检测仪使用的是一节9V碱性电池，当仪器自检电量较低时建议更换电池，以获得最大的使用时间。为电池充电时，取下仪器保护套，电池仓位于仪器的背面，滑动电池仓盖打开将电池取出，更换电池。

6. 维护

漏电检测仪具有防水性，但千万不要将检测仪浸入水中。储存时应保持干燥；如果仪器潮湿，请按如下步骤操作。

（1）轻轻晃动检测仪，使扬声器中的水分变干。

（2）取下保护套，用柔软的干布擦拭保护套和仪器。

（3）取出电池，保持电池仓通风干燥。

注意：不要使用吹风机或压缩空气使探测仪干燥。

7. 常见故障

故障判别与解决方法见表2-3。

表2-3 故障判别与解决方法

问题	可能导致问题的原因	建议解决方法
不能开机	电池脱落或电量耗尽	检查或更换电池
持续"哔哔"声	移动过快	拿住探测仪，持续一会儿不要移动 参考"户外使用"部分
	电池电量低	检查或更换电池
所有其他问题	请联系供货商	

三、鹰眼生命探测仪

图2-27 固定在腰带上

鹰眼生命探测仪主要用于搜索救援工作。型号：RSSZUW-SX，它由监视器、探杆、白色LED补光彩色低亮度摄像头、音频探头、井下用或水中用缆线、耳机、电池（一用一备）、充电器、变压器、遮光罩、车载电源线、肩带、手提箱组成。根据需要，使用者可以将监视器固定在胸前或者固定在腰带上（见图2-27）。

采用先进的CCD数字高清晰视频探头和高灵敏音频采集探头，5.6″带DVR功能高分辨率的液晶彩色显示器，显示方向可调180°，配备长、短探杆和数据传输缆线，进一步满足了狭窄空间救援的需要，配有20m的电缆。独特音视频探头可实现救援双方的通话，极大限度地增强了救援人员的搜救能力。整体全天候防水设计，可在水中使用。视频探头具备补光灯，可在黑暗条件下工作。一块电池可工作2h，可选配电池包可再延长5h。通过肩带把显示器固定在胸前，解放双手。

1. 配置所示

鹰眼生命探测仪的配置如图2-28所示。

5.6″液晶彩色显示器（主机）	1台
1.6″彩色视频探头	1只
音频探头	1只
0.6m探杆（带软管）	1只
3.35m探杆（带软管）	1只
传输缆线	20m
遮光罩	1只
耳机	1副
充电器	1套
车载电源线	1条
肩带	1条
说明书	1份
手提箱	1只
可充电电池	2块
电池包	1只

图2-28 配置

2. 注意事项

（1）特别提示：耳机连线插头有锁定功能，不能直接拔线！正确操作方法是手捏插头，轻轻往后拔出（见图2-29）。

（2）禁止观察人体或其他动物的内部器官。

（3）禁止接触可燃气体或液体，以避免引起火灾。

（4）外部有防水外罩，可以在雨雪天气下使用，禁止将外罩私自拆除。

（5）如果出现故障，禁止私自打开机器检查。

图2-29 轻轻往后拔出

3. 安装方法

（1）首先将音频探头安装到探杆的接口处，再将视频探头安装到音频探头上，注意音视频探头的卡口需要与软管探杆接口相吻合。

图2-30　与被困人员讲话

（2）使用接口上的连接螺母将探杆和探头固定紧。注意，在将探头接到探杆的过程中，切勿转动探头，只需旋转螺母即可将探头固定紧。

（3）注意在搜索到被困人员后，可使用音频探头，与被困人员讲话（见图2-30）。

（4）遇到深井救援时，可以使用20m线缆，接上视频探头后，竖到井下搜索。摄像头可以手动旋转。

（5）将探杆末端的缆线直接插到监视器上的 CAMERA 插孔上。

（6）打开监视器主机和监视器的开关 POWER，检查工作是否正常。

（7）安装摄像头（见图2-31）。

1）将摄像头上的标识与探杆上的标识对上后插进探杆。

2）旋转摄像头尾部的螺母，把探杆和摄像头连接在一起。

3）顺时针转动旋钮，一直到两者固定在一起。

警告：不要拧摄像头本身。接口必须拧紧，以便防水。

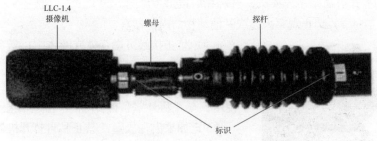

图2-31　安装摄像头

（8）安装摄像头电缆

1）把探杆或者电缆连接头上的箭头和主机的箭头对齐。

2）直接推。直到两者连接在一起。

3）注意事项：拆掉电缆时，直接拔出即可。不用旋转。

4）警告：当主机和电缆连接头连在一起的时候，禁止旋转电缆连接头。

4. 构成（见图2-32）及技术参数

主机：

显示器：5.6英寸 LCD；

工作温度：-20~70℃；

电池工作时间：105min；

电池容量：7.2V@2.7Ah；

充电时间：2h；

20m 信号线：7芯，$\phi=9mm$，带防水连接头。

CCD 彩色摄像头：

类型：低照度彩色摄像头；

防水深度：10m；

直径：5cm；

长：7cm；

白光 LED 灯组（9个）；

镜头 ϕ：6mm；

视角：58°。

音频探头：

双向通信——高增益麦克风和扩音器。

图2-32　构成

5. 操作说明

（1）主机操作。

1）按下主机上的 POWER 按钮。

2）转动 CAMLED 按钮，以便调整摄像头到合适的亮度。

参考选项：

① 直流电输入接口；

② A/V 图像输出接口（见图2-33）。

③ 探杆或电缆的视频输入连接器接口。

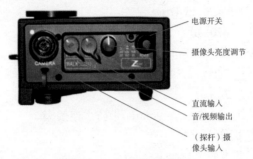

图2-33　A/V 图像输出接口

（2）　LCD 调节旋钮（见图2-34）。

1）监视器和 LCD 控制开关：OFF 关掉监视器；ON 打开监视器，正常方向；打开监视器，图像旋转180°。

2）图像质量调节旋钮：亮度（范围为0~63），对比度（范围为0~63），颜色（范围为0~63），色彩（范围为0~31）。

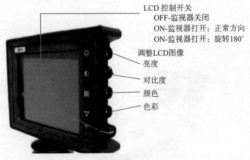

图2-34　LCD 调节旋钮

注意：当调整监视器控制时，在显示器上将以图示来指示调整的范围和设定。如果不再进行控制调整，弹出显示的刻度将在大约5s后自动消失。

（3）调光（屏幕背光）和清晰度可以按照如下方法调整。

1）当监视器电源开关处于关闭位置时，完全打开亮度和对比度控制（顺时针），将颜色和色彩控制完全关闭（逆时针）。

2）使监视器电源开关处于打开位置。

3）将亮度和对比度控制调整到它们的中间位置，屏幕图形显示的值为7。

4）现在颜色控制将控制显示清晰度。调整颜色控制到其中间位置，屏幕图形显示的值为7。

5）现在色彩控制将控制调光（屏幕背光）。调光的出厂默认设置为全亮度。对于隐秘操作，可能需要较低的调光设置，以避免监视器发出过亮的光线。

6）当屏幕图形显示消失时，关闭监视器开关。设置将被保存。

7）将亮度和对比度控制恢复到它们以前的设置（不是完全顺时针）。

注意：当进入到清晰度和调光调整模式时，它们的默认值都是其最小值。清晰度和调光控制在保存之前都需要设置为期望值。

（4）主机底座上部功能按钮（见图2-35）。

MENU（菜单）：按此键可进入WalkAbout监视器菜单功能
←选择下一个菜单功能
→选择上一个菜单功能

EXIT（退出）：按此键退出菜单功能

INPUT SEL：当在菜单中选择RCV，此键将在选定的输入进行切换。（当前此款WalkAbout监视器此功能不可用）

200M（缩放按键）（与Zistos缩放摄像头配合使用，缩放摄像头需单独购买）
－缩小
＋放大

（此键当前版本本监视器不可用）

图2-35　主机底座上部功能按钮

（5）耳机连线。耳机连线插头有锁定功能，不能直接拔线！正确操作方法是手捏插头，轻轻往后拔出。

（6）音频探头操作。

1）把摄像头从探杆或者电缆上拆下。

2）用装摄像头的方法把音频探头装在探杆或者电缆上。不能拧音频探头，只能拧音频探头尾部的螺母将其固定在探杆或者缆线上。

3）把摄像头连接在音频探头上。

4）把耳机连接在主机上的音视频接口上。接口在主机的左边。

5）耳机上有固定带，可以把耳机固定在任何头盔上。调节嘴前部的麦克风。

6）耳机上有音量调节按钮。

7）当说话的时候，按住小黑盒上的按钮就可激活对讲模块。

6. 更换电池

（1）电池位于显示器主机的右侧，打开时向下拔电池仓按钮，电池仓盖打开，再向内挤压电池组，同时向外将电池拉出。

（2）将电池充电。

（3）电池没有正负极之分，因此可以将电池任意一侧装入。将电池盖依原来的方向装好即可。

（4）原装电池均无电时，可以使用干电池腰包独立给主机供电。

7. 电池充电

警告：禁止使用其他型号的充电器为鹰眼电池充电，禁止为已经充满电的电池再次充电。

（1）将充电器接到市电电源，或者将车载充电器接到车上12V直流电源插座上。

（2）将电池插入充电器座，电池的方向可随意插入。

（3）充电器的 LED 按以下顺序显示：

关闭：　　　　没有电池插入；

橙色：　　　　过度放电的电池，将自动地转为红色；

红色：　　　　正在快速充电；

绿色：　　　　完成充电可以使用了。

鹰眼电池充电如图2-36所示。

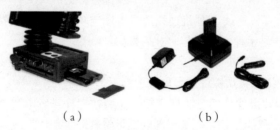

　　（a）　　　　　　　　　（b）

图2-36　电池充电

注意：

（1）电池充电后发热属于正常现象。电池彻底充电需要2h。可部分充电。

（2）连续为另一块电池充电前，充电器应闲置至少15s。充电过程中不要移动线路。

（3）一块充满电的电池一般可以用90~120min，具体视摄像头和LCD的使用情况。不用工作的时候，尽量关闭电源。随时保留一块充满电的电池。电应该在0~40℃的温度下进行。

（4）在室温下存放一个月，电池电量将损失超过20%。温度越高，放电越快。储存的电池应该定期充电，避免高温储存电池。

连接D-BAT如图2-37所示。

D-BAT可以在可充电电池不可用的情况下使用碱性电池。它可以支持大约5h的工作。

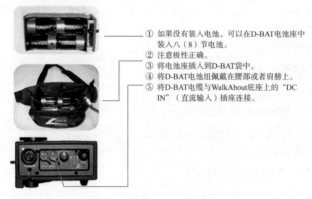

① 如果没有装入电池，可以在D-BAT电池座中装入八（8）节电池。
② 注意极性正确。
③ 将电池座插入到D-BAT袋中。
④ 将D-BAT电池组佩戴在腰部或者肩膀上。
⑤ 将D-BAT电缆与WalkAbout底座上的"DC IN"（直流输入）插座连接。

图2-37　连接D-BAT

注：① 如果充电电池和D-BAT都连接了，WalkAbout将使用电压较高的电源。

② 要使低电量LED指示灯只监测D-BAT电池状态，就将充电电池撤除。

③ 主机里有电池，同时又用D-BAT供电时，主机将自动从两者电压高者中取电。

四、指北针

图2-38 指北针

指北针（见图2-38）是一种用于指示方向的工具，广泛应用于各种方向判读，譬如航海、野外探险、城市道路地图阅读等领域。它也是登山探险不可或缺的工具，基本功能是利用地球磁场作用，指示北方方位，它必须配合地图寻求相对位置才能明了自己身处的位置。它与指南针的作用一样，磁针的北极指向地理的北极，利用这一性能可以辨别指示方向。但是在世界一些地方，指南针也叫作指北针。

1. 工作原理

基本功能是利用地球磁场作用，指示北方方位，它必须配合地图寻求相对位置才能明了自己身处的位置。

2. 参数

里程测量比例：1:25000，1:50000，1:75000，1:100000

测量器读数误差：≤1.25°

度盘格值：1°

质量：0.15kg

尺寸：68mm×63mm×26mm

附件：软皮包，说明书，合格证，纸质外包装

62式指南针和51式指南针的差别很小，主要是表盘外观

62式军用指南针的说明书

3. 特点

（1）测方向。

（2）测距离。

（3）测坡度。

（4）测磁偏角。

（5）测方位角。

（6）测高度。

（7）测行军距离。

（8）测水平。

（9）公尺。

（10）绘制地图。

（11）反光镜（反光求救）。

（12）夜光。

4. 操作使用

（1）测定方位

1）测定现地东南西北方向。

① 打开罗盘仪，使方位指标"△"对准"○"；

② 转动罗盘仪，待磁针指北端对准"○"后，此时所指的方向就是北方，在方位玻璃上就可直接读出现地东、南、西、北方向。

2）标定地图方位。标定地图方位就是利用罗盘，使地图上的方位和现地方位一致。

① 打开仪器，调整度盘座，使方位指标"△"对准本地区的磁偏角度数。

② 以测绘尺与地图上的真子午线或坐标纵线（即东、西图廓的内图廓线）相切。

③ 转动地图，使磁针北端指向"○"，则地图上的方位和现地方位完全一致。

3）测定磁方位角。

① 测定图上目标的磁方位角：

用指北针精确标定地图并保持地图不动；

将测绘尺与所在点和目标点的连线相切，调整度盘座，使指标"△"对准"○"刻划线；

待磁针静止后，其北端所指度盘座上的刻度即为所在点至目标点的磁方位角数值。

② 测定现地目标的磁方位角：

打开仪器，使方位指标"△"对准"○"并使反光镜与度盘座略成45°；

用大拇指穿入提环，平持仪器，由照准经准星向被测地目标瞄准；

从反光镜中注视磁针北端所对准度盘座上的分划即为现地目标的

磁方位角数值。

（2）测量距离。

1）用测绘尺直接量算图上距离。

2）用里程计量读图上距离。

① 先将红色指针归"〇"。

② 平持仪器、把里程计测轮轻放在起点上，沿所量取的路线向前滚动至终点。

③ 根据指针在比例尺上所指的刻线，即可直接读出相应的实地距离。例如，在1∶50000地图上由甲点量至乙点，仪器表面上1∶50000比例尺指的是14个刻线，则甲乙两点间的实地距离为7km。若在1∶100000地图上量得14个刻线，则甲乙两地的距离为14km。另外，与有相应比例的（如1∶25000）或成倍比例（如1∶20000及1∶500000）的地图也可经换算量读之。

3）用距离估定器概略测定现地目标的距离。仪器上距离估定器两尖端的间隔为照准与准星间距离的1/10，利用相似三角形关系就可测定现地目标的距离。

① 已知两目标（物体）与所在点的距离，求此两目标（物体）之间的间隔，可用下列公式：

两目标之间的间隔 = 两目标与站立点间的距离 × 1/10

打开仪器用眼紧靠照准瞄准目标，如两目标（物体）恰好为距离估定器两尖端所夹住。又已知两目标点与所在点之间的距离为100m，则两目标点间的间隔为：100 × 1/10=10m。其余可按此方法计算。

此外，前方两目标（物体）间的间隔不一定恰好为距离估定器两尖端所夹住，而小于或大于其间隔时，可采用下列公式：

两目标点间的间隔 = 两目标与所在点间的距离 × 1/10 × 两目标所占两尖端间隔的倍数

例如，已知两目标与站立点间的距离为100m，测得两目标间的间隔为距离估定器两尖端间隔的7/10，则两目标间间隔为：100 × 1/10 × 7/10=7m。同样，若两目标间的间隔为距离估定器两尖端间隔的1.5倍，则两目标间的间隔为

$$100 \times 1/10 \times 1.5=15m$$

② 已知物体的宽度或两目标之间的间隔，求目标与所在点间的距离，可用下列公式计算：

目标与站立点间的距离 = 已知目标的间隔 × 10

例如，已知前方两目标间的间隔为12m，正好为距离估定器两尖端所照准，则目标点与站立点间的距离为：12 × 10=120m。

此外，已知目标的间隔，但在瞄准时，小于或大于距离估定器两尖端的间隔，可用下列公式：

$$目标与所在点的距离 = \frac{目标的实际间隔 \times 10}{目标占距离估定器两尖端间的间隔的倍数}$$

注：用距离估定器测定现地目标距离的方法是简便的，但精度不高。

（3）行军时间及速度计算。用仪器上的速度时间表，在量取里程的同时，可测定行军所需要的时间或在规定时间内的行军速度，其方法如下。

1）行军时间计算：打开仪器，使里程表指针归零（表盘红线上）。在求出到达目的地里程的同时，速度时间表便按照1：100000比例尺里程指出按13、15、17、19、21、23、25km/h（外测表，顺时针读数）及10、14、16、18、20、22、24、30km/h（内侧表，逆时针读数）速度行军各所需时间。若为在1:50000比例尺地图上所量的里程，则用手指轻拨测轮，使里程减半，指针所指示的速度和时间即为所求。例如，在1:50000比例图上量得距离为40km。若按"V20"速度走完全程，求所需时间。首先将指针拨至1:50000比例尺的20km处，在V20圈内指针所指即为所求。若规定的速度为表上没有显示之速度，则找出有倍率关系的速度，乘以倍率求得时间，如每小时行军速度为5km、量得里程为30km，求时间，便可读："V10"为3h，由于"V10"是V5的2倍即将得数乘2或拨测轮使指针指示60km处读V10得6h，再如"V6"时可读"V18"，将得数乘3或拨测轮使指针指示90km处读"V18"得5h，其余类推。

（注意：以上计算均未包括行军休息，调整及道路量取时的坡度和弯曲系数等，在组织行军时，应在表上加入有关数据）。

2）行军速度计算，在求出到达目的地里程的同时，根据要求到达的时限，便可依速度时间计算表选择规定时限内的适当速度（注意：若为1∶50000比例尺的里程应将规定时限加倍进行选择）作为行军速度。

（注意：在求行军速度时，同相应加入有关行军数据再进行计算）

（4）测定斜面的坡度（俯仰角度）。打开仪器，使反光镜与度盘座略成45°，侧持仪器，沿照准、准星向斜面边瞄准，并使瞄准线与斜面平行，让测角器自由摆动，从反光镜中视测角器中央刻线所指示俯仰角度表上的刻度分划，即为所求的俯仰角度（坡度）。

（5）测量目标概略高度。已知目标（物体）与所在点之间的水平距离，先测定目标的俯仰角，再查高度表即可得知目标的高度。

其方法如下。

1）由地图上或用距离估定器，求得所在地与欲测目标（如山顶、烟囱、塔尖等）的水平距离。

2）侧持仪器、沿照准、准星向目标顶端瞄准，让测角器自由摆动，看清测角器刻线所指示的俯仰角度值。

3）查看高度表或用米位公式计算即可得知高度。例如，已知测点至被测物水平距离为100m，用仪器测得俯仰角度为30°，然后查高度表，在100m横格对准30°竖格，查得被测物高度为57.74m。

5. 维护保养

（1）放置仪器不要靠近铁磁性物质，以免损耗磁性。

（2）不可用测绘尺敲打物体，以免影响测量精度。

（3）反光镜勿扭弯，以免影响瞄准和看读分划，表面要保持光洁，不要用脏布、手去揩擦。

（4）仪器不用时应关闭，放入盒中，注意不要碰撞。

第三章

应急供电装备

电能是现代社会最主要的能源之一。突发事件发生之后，电力中断不仅会影响到方方面面救援工作的开展，还会给灾民生活带来极大不便。往往会引起局部地区的社会恐慌，甚至引发社会动荡。电网企业应急救援人员利用先进的应急供电装备，快速恢复当地供电，保障应急照明、应急通信以及基本生活用电，不仅能够大大稳定灾害现场的"人心"，还可以大大提高现场整体应急救援工作开展效率。

现阶段电网企业应急供电装备主要有各种类型应急发电车、应急发电机、带发电机应急照明灯等。作为电网企业的应急救援基干队员必须了解其规格型、特点、技术参数和安全注意事项；熟练掌握该装备的操作、维护和保养。随时保证应急供电装备完好可用。

第一节　应急发电车

一、概述

应急发电车一般采用柴油发电机组，主要由柴油发动机、发电机、控制系统组成，车辆选用载货汽车二类底盘为基础平台，加装专用厢体设计而成的专用电源车。除了具有固定式发电机组的优点外，还具有长途、复杂路况行驶，性能良好，可在野外露天工作等特点。车厢采用了先进的进、排气消声装置和隔声厢体，使机组周围的噪声得到有效的控制；良好的通风条件，解决了车厢内的温升，能够完全满足设备各元器件对工作环境温度的要求。机组的辅助设备、电气及控制系统全部放置在车厢内，实现了设备、控制设备的高度集成，便于操作和检修。

二、技术要求

（1）符合国家特种车辆及发电机组电源标准。

（2）控制系统采用数字智能式中文界面、内装多级保护程序，机组的全工作过程实现安全及自动化。

（3）机组设计紧凑，体积小、重量轻。系统采用单元化、标准化、规范化设计制造。

（4）机组自动化程度高、操作简单，具有无人值守功能；易于维修。

（5）全天候启动可靠，加载时间快。

（6）具有无外电源启动（电瓶启动）功能。

（7）发电车机动性能强、可靠性高；安全性好。

三、基本结构

应急发电车根据使用功能的要求一般厢体共分4个区域，依次为：值班区、发电机区、排气降噪区、电缆卷盘收放区。一般厢体的前部及后部加装有前、后示廓灯；在车厢侧面加装有侧标志灯及侧回复反射器、反光标识。在侧面壁板前部，左右侧分别设有铝合金手动百叶窗，便于发电机组的散热。为了缓解车辆的负载，在车厢的大梁下部加装有4个液压支腿，并可分别进行微调。液压支腿的操作可通过控制按钮实现。

厢体下部（面向车头方向）左侧（见图3-1）：从前到后依次为底盘油箱加油门、检修门、液压油箱及上车踏板、下翻门上车踏板、铜排输出仓。

右侧布置依次为（见图3-2）：蓄电池检修门、液压油箱检修门、电磁阀仓、发电机仓、值班室、下翻门踏板、航空插头输出仓、上部发电机控制柜观察窗。

图3-1　厢体下部左侧

图3-2　厢体下部右侧

1. 值班室

车厢前端有值班室（见图3-3），发电机组控制系统安装于值班室内，发电机组的控制操作可在值班室内进行。值班室与发电机组室防音隔开，并设有一观察窗口及工作门，工作门可以进出观察和检修发电机组。室内安装了空调、桌子、沙发，并悬挂发电车操作规程及日常维护保养须知，随车配有发电车及机组整套的中文使用说明书及操作检修规程、电气原理图。

图3-3 值班室

2. 发电机区

应急发电车的发电机组一般采用柴油发电机为主，整套机组一般由柴油发电机、自启动控制系统、直流启动电源、保护装置等部件组成。发电机组与车厢底板连接，前部水箱与隔墙连接处两侧设有检修门，方便维护时进入到排风降噪区，前隔墙的下部左右两侧是发电机辅助进风百叶窗。发电机仓地面高度垫起，下部设有低压电缆线槽，发电机区的顶部设有220V防爆灯和温感和烟感。发电机组的消声器位于机组上方，机组燃油箱设有放油口、排污口（润滑油、油箱排污），采用阀门控制（见图3-4）。

图3-4 发电机区

（1）柴油发电机

柴油发电机（见图3-5）是指以柴油等为燃料，以柴油机为原动机带动发电机发电的动力机械。基本结构是由柴油机和发电机组成，柴油机主要由气缸、活塞、气缸盖、进气门、排气门、活塞销、连杆、曲轴、轴承和飞轮等构件构成。其工作原理是在柴油机气缸内，经过空气滤清器过滤后的洁净空气与喷油嘴喷射出的高压雾化柴油充分混合，在活塞上行的挤压下，体积缩小，温度迅速升高，达到柴油的燃点。柴油被点燃，混合气体剧烈燃烧，体积迅速膨胀，推动活塞下行，称为"做功"。各汽缸按一定顺序

图3-5 柴油发电机

依次做功，作用在活塞上的推力经过连杆变成了推动曲轴转动的力量，从而带动曲轴旋转。将无刷同步交流发电机与柴油机曲轴同轴安装，就可以利用柴油机的旋转带动发电机的转子，利用"电磁感应"原理，发电机就会输出感应电动势，经闭合的负载回路就能产生电流。以上只是介绍了柴油发电机组最基本的工作原理。要想得到可使用的、稳定的电力输出，还需要一系列的柴油机和发电机控制、保护器件和回路。

（2）自启动控制系统

柴油发电机组专用智能控制自启动模块，可实现发电机组的自动启动、保护、停机等功能，并可通过计算机对柴油机发电机组进行三遥（遥控、遥测、遥信）控制（见图3-6）。

图3-6 自启动控制系统

控制器主要用于发动机、发电机的监控保护，可通过干接点遥控启动。柴油发电机组具有自动／手动启动、保护停机功能。所有参数可现场设置，并且可通过串行接口RS232或RS485向远方监控系统传送发电机组运转信号和接受远方传来的控制信号，并作出反应。它带有一个液晶显示屏以供机组的一些参数显示。它具有关、手动、自动三种模式。

（3）直流启动电源

发电机组配有24V直流电瓶两块，当停止供电工作后，发电机运转3~5min的空载运行后，停机，并切断电瓶总开关，此时切断电路。当进行送电工作前，应打开电瓶总开关，此时电路接通。当机组长时间不用时，应每隔15天用市电对机组蓄电池进行充电，每次充电时间不少于20h。

图3-7 直流启动电源

（4）保护装置

柴油发电机保护装置是由高集成度、总线不出芯片单片机、高精度电流电压互感器、高绝缘强度出口中间继电器、高可靠开关电源模块等部件组成。通过键盘与液晶显示单元可以方便地进行现场观察与各种保护方式与保护参数的设定。硬件设计在供电电源，模拟量输入，开关量输入与输出，通信接口等采用了特殊的隔离与抗干扰措施，抗干扰能力强。软件功能丰富，除完成各种测量与保护功能外，通过与上位处理计算机配合，可以完成故障录波（1s高速故障记录与9s故障动态记录），谐波分析与小电流接地选线等功能。可选用RS232和CAN通信方式，支持多种远动传输规约，方便与各种计算机管理系统联网。

（a）

（5）电源输出装置

1）母排插孔式输出端如图3-8所示。

通常使用MC产品，该产品接线速度快方便灵活。母排输出由电操总开关控制。图为380V输出：U、V、W、N、PE。

（b）

图3-8 母排插孔式输出端

2）电器操作箱如图3-9所示。电操开关上端（电源侧）由双根185mm²软铜芯线接发电机输出端，下端（负荷侧）每相引出三根导线，分别接至规格

图3-9 电器操作箱

图3-10 低压输出控制箱

为630A的A组快速插座和B组快速插座的控制开关上桩头以及插孔式输出母排处。当发电机组运行平稳后即可按动电操开关合闸按钮向负载提供电源；此时铜排输出端带电，指示灯亮（注意：如需在铜排处连接负载，必须先将负载与铜排连接妥当，方可接通电操开关）。当需要使用快速插座连接负载时，也必须先将与线缆连接妥当并将快接插头插入插座后，方可接通相对应的630A开关（注意：严禁带电连接）。

3）低压输出控制箱如图3-10所示。在车厢右侧后部，打开下翻门上排依次为发电机380V输出、市电220V输入、220V

输出及380V开关、220V开关。下排为MC185mm²线缆的快接插座，即可进行快速连接。

4）全车电源总开关。当工作完成后，收车将车辆停到指定的位置时，关闭汽车的发动机，锁好门，关闭百叶窗。此时关闭电源总开关，切断全车的电路系统。当需要开启车辆前，应打开电源总开关，恢复全车的电路系统。

注意：长期停驶车辆时，应关闭电源总开关，切断全车的电路系统。

3. 排气降噪区

柴油发电机组的排气室设计在机组室后部，可保证机组在运行期间车厢内无明显积聚烟雾，排气系统是将动力机燃烧、压缩工作后产生的尾气排入外界大气的通道，由二级排烟消声器、挠性连接装置、波纹管、排气通道、防雨自动工作帽及支承连接件组成，排烟管外露部分全部进行隔热包扎，包扎材料采用不锈钢钢板。

排烟管道（见图3-11）：对于机组排烟口，也是发电机组噪声最高的地方，采用消音降噪衰减效率高于35dB的阻抗复合消声器，该消音器的结构总体为阻性吸声材料采用硅酸铝，用三节消声，中部用1/4排烟口截面大小的圆管若干根，管上钻相当数量的小孔，它的扩张比最高能达到30，这样在宽频带噪声范围内有较好的消声效果（见图3-12）。

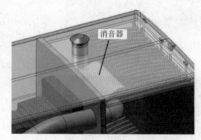

图3-11　机组排烟管道(不锈钢部分)　　图3-12　二级消音效果图

4. 电缆线收放区

车厢后部为电缆线盘区（见图3-13）：为三相四线二组，高阻燃柔性电缆单根为185mm² × 50m。一端为航空插头，一端为母排连接。

液压电缆绞盘分为手动和液压两种方式，线轮和轴用弹簧限位插销进行限位，按下插销，线轮与轴结合，此时的驱动方式为液压，主要用于绕线；拔起插销，线轮与轴脱离，此时的驱动方式为手动，主要用于放线和当液压系统出

图3-13　电缆线盘区

现故障而无法进行驱动的时候，可以将弹簧插销拔起，进行手动绕线。按动绕线按钮，并随时调整线缆的排列，在绕线的同时，有专人进行高压电缆的送线，高压电缆不能在地面上拖拽。绕线结束进行保护套的整理，并将电缆端头插入电缆盘的相应位置中固定电缆端头。

图3-14　放线

电缆线盘上下各由一个液压马达驱动，当按动相应的按钮，就可进行电缆盘的放线及绕线的工作。另外，如果需要电缆盘的速度加快或减慢，可转动液压马达内侧调速按钮。逆时针转动则速度加快，顺时针转动则减慢。具体看实际使用的要求。在操作电缆盘时，应注意操作安全，防止夹手。

收放线控制按钮安装在电缆绞盘旁边。

电缆自动收放线装置操作说明如下。

（1）放线（见图3-14）。打开一盘高压电缆固定端头，松开固定绳，拔出电缆端头；向外拉出电缆（可单根进行放线，也可同时放线）。注意：不要让高压电缆在地上拖动，应保证在电缆收放线的时候不会碰伤。按动操作手柄按钮上放线开关，进行放线。将电缆放到需要施放线路的地点。

（2）收线（见图3-15）。将高压电缆端头插入到电缆盘中，按动操作手柄上的绕线按钮，进行收线，并随时调整线缆的排列，在绕线的同时，有专人进

图3-15　收线

行高压电缆的送线，高压电缆不能在地面上拖拽。并依次绕第二轮、三轮。绕线结束后，进行保护套的整理，并将电缆端头插入电缆盘的相应位置中，固定电缆端头。

5. 其他辅助装置

（1）液压支腿

因车辆负荷较重，本车配有4个液压支腿，当停驶工作时，应支起支腿。此时按下"腿出"按钮，则液压支腿伸出，反之，按下"腿收"按钮，则液压支腿缩回。此按钮为两个一组同时工作，或伸出或缩回。

图3-16　上车踏板

注意：在支撑作业的地面上不允许有空洞及暗沟，地面应坚实。

（2）上车踏板

在车厢侧面安装有隐藏式上车梯，可方便施工人员进入车厢。关闭后与厢体贴合，不影响整车通过性（见图3-16）。

（3）行驶记录仪

在驾驶室操作台上安装有行驶记录仪（选装），以减少违章行车，监督驾驶操作人员，保证车辆行车安全。

（4）倒车后视系统

为确保行驶的安全，一般加装有倒车后视系统。倒车后视系统固定在室内镜上，当挂上倒挡时，以通过车厢后部

图3-17　左上角倒车后视系统开关

的探头，进行摄取车厢后部的图像，驾驶室内的屏幕则自动显示车厢后部的画面，以利于驾驶人员的操作。

左上角倒车后视系统开关如图3-17所示；车厢后部的探头如图3-18所示。

（5）灭火器

图3-18　车厢后部的探头

车厢内配有6个灭火器，通过灭火

器支架固定在车厢左侧的门上。分别布置在车厢与驾驶室之间的右侧两个，车厢左侧的车门上各4个。灭火器的使用应参照其相关的规定在有效期内使用。

（6）导静电拖带

箱体内的各电气设备及整车具有可靠的保护和工作接地连接网络，整车配置充足可靠的接地线缆和接地钎等设备，并设置方便操作的接地连接点。以便于有静电产生时，通过此装置向大地进行导流。当进行发电机组供电时，必须将接地带及接地钢钎连接好，以确保正常的供电工作（见图3-19）。

（7）扁铜接地带

配有接地钢钎一根，并配有接地带（扁铜带），当车内电源实施操作前，必须将接地带及接地钢钎连接好可靠接地（见图3-20）。

图3-19　导静电拖带

图3-20　扁铜接地带

四、发电机组操作

操作发电机组之前，应仔细检查机组的水、油、电，在确保正常的情况下，按下列程序操作机组（手动模式）。

1. 发电机组启动

（1）闭合机组控制电源和启动电源。

（2）连接监控电脑。

（3）打开排气门和进风门。

（4）确认电缆与负载连接牢固，临时接地线连接可靠。

（5）检查机组有无报警信息，若有，查明原因后将机组控制器复位。

（6）打开机组油水分离器燃油截止阀（非燃机除外）。

（7）启动发电机组。

（8）启动成功后，检查机组各项参数是否正常。

（9）接到合闸指令后，需工作负责人确认后，方可闭合机组输出断路器。

（10）根据需要，逐级加载（一次加载不应超过机组容量的45%）。

（11）发电机组带负载运行后，值班人员实时监控机组运行数据，并及时做好燃油补充。

2．发电机组停机

（1）断开输出断路器。

（2）按下正常停机键，机组空载运行3min左右停机。

（3）停机完毕后，打开机舱门，冷却散热。

（4）散热完毕，关闭机组进、排风门。

（5）断开控制电源和启动电源。

（6）关闭油水分离器燃油截止阀（非燃机除外）。

（7）关闭舱门。

五、安全注意事项

在操作发电机组前应阅读手册，熟悉手册内容和设备，按规定的要求进行发电机组的安装、调试，操作和维护保养的人员必须是有经验的或经过专业培训过的，否则因为未按基本规则和安全防患措施引发的事故可能带来严重后果，如：设备停止运转、机械损坏甚至人员伤亡，造成不必要的损失。

（1）发电机仅与其电气性能和额定输出匹配的负载连接，严禁超负荷运行。

（2）不要将发电机组与建筑物电力系统直接连接，这将可能产生触电或市电冲击发电机组损坏发电机，发电机组只能通过安全的切换开关才能与市电系统进行电力连接。

（3）中性点接地牢固可靠，以防止电压上升和未被发现的接地故障。

（4）对于长期放置的发电机，检查电气线路是否受潮，绝缘是否合格，主回路和控制回路应用500V绝缘电阻表，测量冷态下的绝缘电阻，不小于2MΩ。

（5）在发电机组燃油气和充电的电池不允许有明火和火花。燃油气和电池充电时散发出的氢气是易爆的，应远离电弧和火花。

（6）除非油箱与发电机组是分离的，否则在发动机运转时不可以往油箱加注燃料、燃油，这样会与热发动机以及废气接触，存在安全隐患。

（7）排出的烟雾是有害的，要求排烟系统必须严格按规定安装，同时做好日常维护，确保没有泄漏或回流进入发电机室和值班室内。

（8）在发电机运转时严禁触摸排气管、散热器和可能发热的零部件，同时避免触摸热油、冷却水和排出的废气，防止烫伤，在设备运转时调整管道及移动零部件要特别小心。

（9）在发电机运转时，不可打开散热器或热交换器的压力帽。应先让发电机组冷却后才可打开此盖。

（10）当在转动的部件附近或电力设备附近工作时，不要穿宽松衣服及佩戴首饰，宽松的衣服可能会被转动的部件缠住，首饰可能引起电线短路而触电或起火。

六、维修保养

柴油发电机组的正确保养，特别是预防性的保养，是最容易也最经济的保养，是延长使用寿命和降低使用成本的关键。首先，必须做好柴油机使用过程中的日报工作，准确记录数据至"机组运行情况日报表"，以"保养时间表"为基础要求，严格按照柴油机及发电机使用说明书保养相关要求，结合用户的特殊工作情况及使用经验，进行定期检查，精心保养。

1. 发电机的日常维护和保养

（1）保持发电机外表面及周围环境的清洁，在发电机机壳上或内部都不许放任何物件，擦净泥、油污和灰尘，以免阻碍散热，使发电机过热。注意通风、冷却、防止受潮或曝晒。

（2）严防各种油类、水和其他液体滴漏或溅进电机内部去，更不能使金属零件（如铁钉、螺钉旋具等）或金属碎屑掉进内部去，如有发现必须设法取出，否则不能开机。

（3）每班开机时，在柴油机怠速预热期间，应当监听发电机转子的运转声音，不许有不正常的杂声，否则应停机检查。

（4）正常工作中，应密切注视控制屏上的电流表、频率表和电压表，以及功率因数表和功率表等指示的工作情况，从而了解电机工作是否正常。发现仪表指示超过规定值时，应及时加以调整，严重时应认真分析原因，必要时要停机检查，排除故障。一般不许突加或突减大负载，并且禁止长期超载或三相负载严重不对称运行。

（5）注意查看发电机各处的电路连接情况，确保正确、牢靠。经常用手触摸发电机外壳和轴承盖等处，了解发电机各部位的温度变化情况，正常时应不太烫手（一般不大于65℃），查看发电机的接地是否可靠。

（6）查看集电环等导电接触部位的运转情况，正常时应无火花或有少量极暗的火花，电刷无明显的跳动，不破裂。注意观察绕组的端部，在运行中有无闪光以及焦臭味和烟雾发生，如果发现，说明有绝缘破损和击穿故障，应当停车检查。

2. 铅酸电池的储存及充电维护

电池是任何备用发电机系统不可缺少的部分，约有90%的发电机故障源于蓄电池。

（1）储存。保持电池、电池周围的区域洁净和干燥，不污秽脏乱。尤其是通气塞周围保持洁净；充电和已充电的电池必须存放在低温、干燥和通风良好的地方；确保通气孔盖或塞已被盖紧或塞紧；保持电池的端子和连接部没有腐蚀并已涂覆以石油油脂；检查电解液液位，液位面要求超过面板的10~15mm，必要时加注蒸馏水或去离子水以保持正确液位。

（2）充电。偶尔使用发电机工作的，电池电解液比重将降低，必须进行补充充电直到所有的单元比重上升并保持恒定3h。电解液比重25℃时为1.28~1.30，在很少使用发电机的时候，必须安排电池每个月补充充电以确保电池保持充足状态。常规充电的电池每6个月必须做一次深度充电，直到电压和比重都有回升。

3. 机组燃油、润滑油及冷却水

发动机的使用寿命，运行可靠性的发挥在很大程度上取决于所使用的液体和润滑剂，因此正确选择液体和润滑剂十分重要，必须依照柴油机使用说明书及相关资料的规定规范选择并严格执行。

（1）燃油。符合标准（GB 252—2015《普通柴油》）的 0 号轻柴油（夏季）；–10~35 号轻柴油（冬季）将使柴油机功率大，消耗低。

（2）润滑油。柴油机组推荐使用 40CD 级柴油机油，有条件时可使用 15W/40CC（不带涡轮增压器）、15W/40CD（带涡轮增压器）或 HC-14 的柴油机油。若因货源不足，买不到 40CD 级柴油机油，可选用同质量、性能指标与此相近的其他牌号机油代用。但不同牌号机油不得混合使用。

推荐加装壳牌喜力多级润滑油，型号为 HS3（15W-40）。

（3）冷却水。冷却水应选用呈碱性的清洁水，不得使用有腐蚀性的化合物，如氯化物、硫酸盐或酸等。其主要指标要求如下：硬度 0.7~5.3me/L；氯离子 150mg/L；pH 值 6~8.5。

第二节　应急发电机

应急发电机是应急供电的主要工作电源之一，为了确保发电机能正常工作，满足应急供电的使用需要，必须掌握发电机的正确使用和维护方法，并能及时排除一些简单故障。应急发电机按电源分类可分为直流发电机和交流发电；按其供电电压的不同可分为三相发电机和单相发电机；按其使用的燃料可分为柴油发电机和汽油发电机（见图3-21、图3-22），根据两种内燃机的不同特点，一般用电容量30kW

图3-21　汽油发电机　　　　图3-22　小型柴油发电机

以上且用电量较大宜使用柴油发电机，而容量在30kW以下且要求噪声较小的宜使用汽油发电机；因此对于用电容量小而散在的应急供电一般都以汽油发电机为主。

下面我们来了解两种基本的物理现象。

第一种现象为气体热膨胀现象：即可燃性混合气体被点燃后会迅速燃烧放出大量的热量，气体受热后会产生膨胀现象，这个过程就实现从热能到机械能的转换。

第二种现象为磁电感应现象：当导线在磁场中运动或磁场在导线周围运动，两者相互切割时，在导线中便产生感应电动势；当导线形成闭合回路时，就会产生感应电流，这个过程实现了从机械能到电能的转换。

一、主要组成部分及作用

发电机组主要由三大部分组成：汽油发动机、发电机和框架。

1. 汽油发动机

汽油发动机是将汽油进行燃烧，转化为活塞运动的装置，完成了燃烧热能向机械能的转化，它主要由以下几部分组成。

（1）气缸部分。可燃性混合气体进行燃烧放出热量的腔体，同时对进气和排气实现控制。

（2）活塞曲轴部分。被膨胀的气体作用活塞，使活塞在气缸内形成往复运动的部分，而曲轴是将这种往复运动转化为轴旋转运动的部分。

（3）化油器。它使燃油雾化，并按一定比例与空气均匀混合，形成可燃混合气，按照发动机工作需要的数量送入气缸。

（4）空气滤清器：是对空气进行过滤净化的装置，它的滤芯要经常进行清洗，以保证可燃混合气的成分。

（5）反冲启动器：是汽油发动机在工作前的启动装置，即拉绳所在部分。

（6）飞轮：它与曲轴连成一体，起到储存能量的作用，增加惯性，使曲轴转速均匀。

（7）燃油箱：储存燃油和过滤净化燃油的装置。

（8）消音器：减小发动机噪声的向外传播。

2. 发电机

发电机是将汽油发动机产生的机械能，通过磁电感应原理转化成电能输出的部分。主要由转子和定子两部分组成。

3. 框架

框架是连接固定汽油发动机和发电机的部分，同时对运输和放置提供便利。

二、使用方法

1. 发电机安全须知及基本要求

（1）严禁在室内使用。

（2）严禁暴露在雨中（水中）使用。

（3）严禁发电机与市电并网使用。

（4）加注燃油时严禁吸烟；严禁将油溢出。

（5）严禁将发电机与可燃物一起放置。

（6）严禁开机状态给发电机加注燃油、机油以及其他检查和维护。

（7）严禁擅自拆卸发电机。

说明：发电机调试、维修由专业维修人员处理。

2. 使用前的检查

（1）检查的前提：应在平坦的表面停止引擎进行检查。

（2）检查机油油位。

1）左旋打开机油口盖，用干净抹布清洁机油尺。

2）将机油尺插入加油口，此时不必旋转机油尺，如油位低于机油尺下限，需加机油。

3）加注机油至机油尺油位上限，右旋牢固装好机油塞尺。

4）推荐使用四行程汽油机机油，如 SAE10W-30 机油。

（3）检查燃油油位。

1）观察燃油油位标尺。

2）如油位低则加注燃油，加至燃油滤清器的肩部，右旋旋紧油箱盖。

3）燃油推荐使用正规加油站出售的93号及以上汽油。

（4）检查空气滤清器。

1）松开空气滤清器盖弹簧扣，拆下空气滤清器盖。

2）检查滤芯有无破孔或裂缝等损坏现象，如有则更换。

3）检查滤芯是否清洁，如有污垢则进行清洗。

4）用湿布清洁空气滤清器隔板盖的内侧。

5）装上滤芯和滤清器盖，扣上弹簧扣。

3. 发电机组的启动

（1）关闭交流断路器（严禁带载启动），从交流插座拆卸任何负载——置于"OFF"位置。

（2）将燃油阀打开——置于"ON"位置。

（3）关闭阻风门（冷机状态）——将阻风门杆扳到"CHOKE"（关）位置。

（4）打开发动机开关（即引擎开关）——置于"ON"位置。

（5）轻轻拉启动抓手直到感到阻力为止，然后用力拉起（严禁一开始就用力拉）。

（6）当引擎升温时，将阻风门打开。

（7）打开交流断路器——置于"ON"位置。

注意：使用完毕，先关闭交流断路器再关闭发动机开关，最后关闭燃油开关。

三、维护保养

为确保发电机组使用性能正常，对其进行定期和不定期的维护保养是非常重要的，以下对保养的内容过程作一介绍。

1. 检查机油

每次使用都必须检查机油，如不足请添加。除此之外还必须定期更换。

（1）新机首次更换是在机组使用20h后或一个月后。

（2）日常更换为每100h或每6个月彻底更换一次。

（3）更换机油的方法：打开加油口盖—旋开放油螺塞—排出机油—装好放油螺塞。

（4）加注机油至机油尺油位上限—装好机油塞尺。

（5）若发动机在热机时，保持水平位置可确保快速彻底地排油。

2. 检查空气滤清器

每次使用需检查空气滤清器，还必须定期清理。

（1）定期更换时间为每50h和每三个月清理一次。

（2）在恶劣环境中使用应每月清理一次。

（3）清洗滤芯的方法：取出滤芯先在温肥皂水或非燃性溶液清洗滤芯，并冲洗晾干；用清洁的发动机机油浸润滤芯并挤出多余的油。

（4）消音器保护罩。

3. 火花塞的保养

（1）检查火花塞状态，火花以蓝色、强劲为佳。

（2）用钢丝刷清除火花塞的积垢；用火花塞扳手拆卸火花塞帽和火花塞。

（3）使用塞规检查火花塞的间隙，扳动电极侧部调整间隙为0.7~0.8mm（三张名片厚度）。

（4）确保密封圈状态良好，用手指拧紧密封圈，然后用火花塞扳手将密封圈拧紧。

4. 运输保养

发电机组在运输过程中必须水平放置，如无法水平放置，请将燃油、机油放尽后运输。

5. 存放保养

（1）当三个月以上不使用时必须进行保养。

（2）将油箱和化油器中的汽油放尽。

（3）将曲轴箱中的机油放尽。

（4）加注新机油到机油尺的油位上限。

（5）关闭阻风门，并将启动器手把拉起直到感到有阻力为止。

（6）将机组擦拭干净，用纸箱或塑料罩罩住，防止灰尘。

四、各种发电机介绍

1. 三相汽油发电机

三相汽油发电机（见图3-23）是指汽油机提供动力、带动三相发电机发电的机器，输出电压220/380V，适合家用应急电源、户外照明，户外施工等各行业、各领域紧急应用。

2. 便携式数码变频发电机

数码变频发电机是其发电设备中最小的一款。与传统同规格发电机组相比，它

图3-23 三相汽油发电机

图3-24　便携式数码变频
发电机

的尺寸和重量都减小了50%左右，这使得它可以作为小型便携式电源应用于人迹罕至、高山峻岭等野外小容量的应急现场（见图3-24）。

便携式数码变频发电机的优点如下。

（1）低噪声。设计独特的双层降噪系统使得数码发电机组的噪声比传统发电机组低3~9dB。它采用国际知名专业设计公司所设计的风道，使得进气排气更为通畅，噪声和机械振动更小。

（2）电压质量好。高新科技，数码变频发电机的关键部件是其内置式微处理器，配合功能强大的模块化设计，它会对发电机产生的原始电力进行处理、净化，使得数码发电机组的电力输出非常洁净和平稳。数码变频发电机组的电力波形是完美的正弦波形，因此高品质电力特别适合对电压电流波动比较敏感的电气设备和仪器。

（3）实用便携。轻巧、方便，采用新型发电体，机身重量与体积大大减小，操作简单，采用人性化设计面板。

（4）经济效率。数码变频发电机装有多种安全自动保护装置，如过载、机油油压过低等保护，从而大大方便了操作，免去了后顾之忧。此外，机组还装备了独特的智能节气门，它可根据负载实际变化状况来自动调节转速的高低，使得其燃油耗比普通机组低20%~40%，运行时间更长，给用户带来更多的经济实惠。同时，也大大地延长了整机的使用寿命。

第三节　带发电机应急灯

应急照明灯适用于各种大中型施工作业、矿山作业、维护抢修、事故处理和抢险救灾等工作现场对大面积、高亮度照明的需要。应急照明灯按灯头数量、功率、泛光或聚光类型、灯杆的升降高、使用时间、发电机配置等需求可分为大型、中型、小型三种类型。

一、大型应急照明灯

大型应急照明灯如图3-25所示。

1. 技术性能

（1）用途。用于大面积抢修和应急救援作业的照明。

（2）主要技术参数。灯头宜采用金卤灯光源，灯头数可根据现场需要以及兼顾发电机的功率而配置，一般配置4个及以上。发电机功率为5~10kW，灯杆最高可升到6~10m，灌满油可连续工作15~40h，接市电可长时间使用，可向外供出220V电源供小容量的电气设备使用。

2. 使用方法和注意事项

（1）准备工作。灯塔放置于基本水平

图3-25　大型应急照明灯

的底面上，保持底面无塌陷，车体边缘2m的范围内无异物，且保证车体上方15m高度内无电线、树枝等妨碍升降杆升起的障碍物。拉上刹车（见图3-26），避免车体滑动。打开支撑脚上的锁扣（见图3-27），准备撑开支撑脚。

图3-26　刹车状态

图3-27　锁扣解锁状态

注意：启动液压支撑脚之前，一定要松开锁扣，否则会损坏液压系统。

（2）启动发电机组。观察车体上急停按钮，使其保持在未锁定状态。打开控制室的门，灯具总开关和4个灯具开关在关闭位置。启动发电机组。可使用点火钥匙开关到"开",预热5s后,用智能控制面板,长按绿色竖线按钮不动,面板上出现倒数数字"5、4、3、2、1"后,发电机组启动。

注意:无法正常启动3次后,不要再尝试启动,排除故障(故障在后文)。如果正常启动后,"市电指示"的红色指示灯会亮起。观察电流、电压、频率仪表是否正常。如正常则进行下一步操作。

(3)微调灯塔到水平位置。打开控制室中的总电源开关。此时电路接通(见图3-28)。

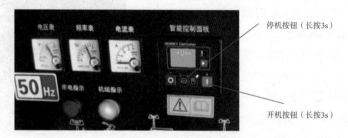

图3-28 电路接通

依次按动支撑脚开合按钮(标注的是上下箭头),使前、后、左、右4个支撑脚依次展开(见图3-29)。

刚开始展开支撑脚时可以持续按动,当支撑脚即将接触地面时,改为点动,使其慢慢接触地面,慢慢支撑受力。保证受力的是支撑脚,而不是轮胎。当4个支撑脚都支撑后,观察水平仪,使水平仪的气泡在中间。考虑到水平仪的误差,必须再确认,灯塔的升降杆保持在基本竖直状态,此时才能确保灯塔处于正常状态(见图3-30)。

注意:严禁在支撑脚锁扣锁定状态就按动按钮展开支撑脚,否则会损坏机器和液压系统。

图3-29 支撑脚开合按钮

图3-30 水平仪

(4)调整灯具的水平照射方向、仰俯角度和高度。打开升降杆手柄下方的定位销，使升降杆接触转动锁定。双手转动升降杆，使灯头照射方向调整到合适位置，重新锁定定位销。水平约360°转动（见图3-31）。

控制室中，按动灯具翻转按钮，调整灯具仰俯角到合适位置。仰俯角度为90°（见图3-32）。

图3-31　水平约360°转动

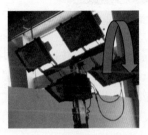

图3-32　仰俯角度为90°

按动升降杆上升按钮，升降杆会抬升，抬升到合适的高度松开按钮。最高升起高度为10m。

注：一定要在升降杆未升起之前进行旋转调整，减少高空转动时的不稳定性。并且严禁在升降杆升起状态，调整任一支撑脚，否则可能会造成灯塔倾倒。

（5）打开灯具使用。依次打开4个灯具开关（见图3-33），进行照明。依据金卤灯的特性，完全点亮需要15min左右。

加满柴油后，灯具可连续工作40h，停机后，请及时添加柴油。

注意：当关闭灯具后，灯具需要完全冷却才能重新启动，为15~30min。灯具照明过程中，严禁触摸灯具灯壳，高温容易烫伤。

图3-33　依次打开4个灯具开关

（6）停机操作。停机操作与开机操作相反。停机的顺序为：

关闭灯具开关（不要关闭总电源）—复位灯具仰俯角度—降落升降杆—复位升降杆水平方向并锁定—升起支撑脚—关闭总电源开关—关闭发电机组—锁定支撑脚锁扣。

注意：收起支撑脚前，确保前导向轮仍然在有效支撑，否则车体可能会倾翻。

图3-34 市电供电操作

（7）市电供电操作（见图3-34）。灯塔提供了市电接入接口。当有市电的环境，可以用市电接入灯塔进行供电，可以进行升降杆升降、支撑脚开合、灯具照明。市电接通之前，先关闭发电机。

注意：市电接入灯塔后，电路接通，因为急停按钮只是控制发电机组的开关，所以发生危险时，急停按钮不起作用，需用另外的措施排除危险。

（8）输出电能操作（见图3-35）。灯塔提供额外供电输出口。当实用发电机组供电，且灯具在工作时，额外供电不能超过发电机组总功率。

图3-35 输出电能操作

注意：有些负载，启动时所用电流远远超出正常工作时电流，如金卤灯，接入此种负载可能会导致灯具功率不足而熄灭。

（9）使用过程中其他注意事项：当发生危险时，立即按下急停按钮（见图3-36），此时发电机供电会立即停止，排除故障后才能重新启动；车体启动液压后，检查液压管道接口处是否有液压油溢出。如有，说明密封不够，立即关机进行检查紧固后再启动。

图3-36 急停按钮

注意：灯塔在使用过程中，需要有人值守，防止无关人员随意操作灯塔，发生危险。

3. 简单故障排除

（1）发电机组启动不了。

1）首先检查发电机组的柴油、机油和冷却水是否达到要求（要求在前面的使用章节中有述）。如果不足量请添加足量。

2）检查蓄电池是否有电。蓄电池提供发电机组的启动马达的电力，蓄电池在3个月不用后，电可能被耗尽，要重新进行一次充放电循环，既能保证随时启动灯塔，又能使电池在良好的状态使用。

3）检查蓄电池的连线是否松脱。在震动中连线可能松脱，如有必要，紧固牢固。

4）检查柴油滤清器的开关是否在打开状态，启动前要打开。

5）当发电机组可以启动，但启动后几秒钟就停机，请查看智能控制面板上的故障提示代码，排除后再重新启动。

（2）液压系统工作不正常。当液压支撑脚、升降杆无支撑力或支撑力小，首先检查液压油是否足量。禁止在液压油不足量情况下启动液压系统，否则可能导致液压泵损坏。

（3）发电机组工作但灯具不亮。停机，待光源冷却后检查灯座的弹片与光源接触是否良好。可适当向上扳动弹片，使两者接触良好再开启。

二、中型应急照明灯

中型应急照明灯如图3-37所示。

1. 技术性能

（1）用途。用于大面积抢修、应急救援、户外施工作业的照明。

（2）主要技术参数。灯头一般采用4×500W卤素灯光源，2~5kW汽油发电机，最高可升到3.5~4.5m，灌满油可连续工作6~13h。

2. 使用方法

（1）开启。启动发电机—打开交流断路器—打开气泵升起灯杆—关闭气泵—打开灯具—调整照射位置。

（2）关闭。关闭发电机—断开交流断路器—降下升降杆—收起灯具。

图3-37　中型应急照明灯

3. 注意事项

（1）灯具采用塑料或金属制品，平时存放应远离热源。

（2）灯具使用过程中和刚使用完后勿触摸灯头，以免烫伤。

（3）严禁和可燃物存放在一起。

（4）严禁开机状态给发电机加注燃油、机油以及其他检查和维护。

4. 维护常识

（1）每次使用后应清洁灯具。

（2）每隔三个月应发动一次，每隔一年应做一次保养。

（3）发现损坏及时报修，严禁随意拆卸。

三、小型应急照明灯

小型应急照明灯如图3-38所示。

1. 技术性能

（1）用途。用于维护抢修、应急救援、事故处理、户外施工作业的应急照明。

升起状态　收缩状态

图3-38　小型应急照明灯

（2）主要技术参数。灯头一般采用2×48W-LED光源，700W汽油发电机，最高可升到1.5~2.5m，灌满油可连续工作3~5.5h，防水防尘，防护灯具IP65。

2. 使用方法

（1）开启。打开背面壳体—取出灯头并安装—手动升起升降杆—启动发电机—打开灯具—调整照射位置。

（2）关闭。关闭灯具—闭发电机—收起升降杆—待灯头稍冷却后取下灯头—将灯头放入箱体内—关闭箱体。

3. 注意事项

（1）灯具采用塑料或金属制品，平时存放应远离热源。

（2）严禁和可燃物存放在一起。

（3）严禁开机状态给发电机加注燃油、机油以及其他检查和维护。

4. 维护常识

（1）每次使用后应清洁灯具。

（2）每隔三个月应发动一次，每隔一年应做一次保养。

（3）发现损坏及时报修，严禁随意拆卸。

四、月球灯

月球灯如图3-39所示。

1. 技术性能

（1）提供两种光源照明，一机两用。

图3-39　月球灯

（2）灯头部分为球形外罩，光源在球体内部，实现全方位照明。

（3）投射金卤灯可单独做上下左右调节和360°水平旋转，实现相对集中的投光照明，保障施工人员及过往车辆的安全。

（4）采用手动伸缩立杆，起升高度随伸缩杆的节数而增加，最大起升高度为6m。

（5）原装进口发电机作为动力源，也可直接接市电长时间使用。发电机配有脚轮，可以自由移动。

（6）操作简单，折叠收藏后可轻松搬运，适合在各种恶劣环境和气候条件下使用。

（7）防眩光，亮度高，360°大范围照明，灯具功率有1000~3000W三种可以选择。

（8）支架可以快速折叠操作，使用收藏非常快捷，配木箱和塑料箱包装。

（9）立杆可以采用机械和气动升降两种方式。

2. 使用方法

打开灯具直接摁动开关就可打开强光，再摁一下打开工作光，再摁一下关闭。在强光或者工作光的情况下长按3s，进入频闪模式。

3. 使用注意事项

（1）充电时必须关闭电源，外壳略有温升属正常现象。

（2）灯具若长期不用，半年后应补充电。

（3）使用时各结构应保证紧密结合，以增强防水、防爆、抗冲击性能。

（4）外壳玻璃镜片出现裂痕，该防爆探照灯已不能在防爆场所使用。

（5）灯具购买以后，新灯必须进行一次充放电，然后再放置，且建议每隔一个月充放电一次。

4. 维护及保养

（1）更换光源、充电、维护、拆卸灯具必须在安全场所进行。

（2）在危险场所擦拭表面必须使用湿棉布。

（3）此灯具不能随意拆卸，且不能在易燃易爆的场所拆卸。

第四节 直流电源应急灯

直流电源应急灯具有轻巧便携、使用方便、维护简单等特点，可在各种恶劣条件下正常工作，在部队、铁路、电力、公安等企事业单位以及各种大型施工作业、矿山作业、维护抢修、事故处理和抢险救灾等小而散的应急现场是一种不可缺少的应急移动照明。

一、轻便式多功能强光灯

轻便式多功能强光灯如图3-40所示。

1. 技术性能

图3-40 轻便式多功能强光灯

（1）经国家权威机构防爆认证，隔爆和增安复合型防爆型式，完全按照国家防爆标准生产，具有优良的防爆、防静电效果，可在易燃易爆场所安全工作。

（2）造型美观、操作简单方便，可采用手提、台面放置、磁力吸附、吊挂照明等多种方式；灯头可任意在120°内调节照射角度。采用轻触式开关，操作更方便耐用。

（3）选用3只3W大功率正白光LED光源串联使用，光效极高、耗能极少、寿命长达10万h、节能环保；优良的电路设计，工作光和强光任意转换，强光连续照明7h，工作光连续照明可达13h。反光杯采用高科技表面处理工艺，反光效率高，光斑光色均匀，在照明功能的基础上还增加了频闪光功能，可作远距离信号指示用。

（4）选用特制锂电池组，绿色环保，容量大、寿命长、重量轻。精密的结构、特制防弹胶材料，能确保产品经受强力碰撞和冲击；密封性好，可在各种恶劣环境中长期可靠工作。

（5）充电器采用专用充电管理芯片控制，高可靠性、快速充电、过充保护、短路保护、涓流充电、状态指示。

2. 使用方法

打开灯具直接按动开关就可打开强光，再按一下打开工作光，再按一下关闭。在强光或者工作光的情况下长按3s，进入频闪模式。

3. 使用注意事项

（1）充电时必须关闭电源，外壳略有温升属正常现象。

（2）灯具若长期不用，半年后应补充电。

（3）使用时各结构应保证紧密结合，以增强防水、防爆、抗冲击性能。

（4）外壳玻璃镜片出现裂痕，该防爆探照灯已不能在防爆场所使用。

（5）灯具购买以后，新灯必须进行一次充放电，然后再放置，且建议每隔一个月充放电一次。

4. 维护及保养

（1）更换光源、充电、维护、拆卸灯具必须在安全场所进行。

（2）在危险场所擦拭表面必须使用湿棉布。

（3）此灯具不能随意拆卸，且不能在易燃易爆的场所拆卸。

二、固态手提式防爆探照灯

固态手提式防爆探照灯如图3-41所示。

1. 技术性能

（1）本产品完全按照 GB 3836.1—2010 《爆炸性环境 第1部分：设备通用要求》和 GB 3836.2—2010 《爆炸性环境 第2部分：由隔爆外壳 "d" 保护的设备》要求设计，隔爆型最高防爆等级，完全按照国家防爆标准生产，可在各种易燃易爆场所安全工作。

图3-41 固态手提式防爆探照灯

（2）选用3只3W大功率正白光LED光源串联使用，光效极高、耗能极少、寿命长达10万 h、冷色光、反光杯采用高科技表面处理工艺，反光效率高，光斑光色均匀，灯具照射距离可达1500m 以上。

（3）特制锂电池组无记忆、无污染、容量高、寿命长、性能安全稳定，自放电率低，一次充电强光可连续工作8h，工作光可连续工作15h以上，在照明功能的基础上还增加了频闪光功能，可作远距离信号指示用。

（4）外表面经阳极氧化处理，造型轻盈美观，携带有手持、肩挎两种方式，轻触式开关，操作简单方便。

（5）进口高硬度合金外壳能承受强力碰撞和冲击，密封性能好，可在水下200m内正常工作。

（6）人性化的电量指示和低电压警示功能设计，可随时查询电池剩余电量，充电器采用专用充电管理芯片控制，高可靠性、快速充电、过充保护、短路保护、涓流充电、状态指示。

2. 使用方法

打开灯具直接摁动开关就可打开强光，再摁一下打开工作光，再摁一下关闭。在强光或者工作光的情况下长按3s，进入频闪模式。

3. 使用注意事项

（1）充电时必须关闭电源，外壳略有温升属正常现象。

（2）灯具若长期不用，半年后应补充电。

（3）使用时各结构应保证紧密结合，以增强防水、防爆、抗冲击性能。

（4）外壳玻璃镜片出现裂痕，该防爆探照灯已不能在防爆场所使用。

（5）灯具购买以后，新灯必须进行一次充放电，然后再放置，且建议每隔一个月充放电一次。

4. 维护及保养

（1）更换光源、充电、维护、拆卸灯具必须在安全场所进行。

（2）在危险场所擦拭表面必须使用湿棉布。

（3）此灯具不能随意拆卸，且不能在易燃易爆的场所拆卸。

图3-42 移动式多功能照明装置

三、移动式多功能照明装置

移动式多功能照明装置如图3-42所示。

1. 技术性能

（1）携带方便，装卸快捷。灯具整体采用

箱式设计，可单人手提、拉行、双人抬行，同时灯具收起后可置于轿车后备箱搬运，携带方便。灯具升降杆采用扳手卡扣固定及限位，整体灯具装卸快捷方便。

（2）聚光和泛光双灯头配置：灯具同灯配置一个聚光灯头和一个泛光灯头，可以同时进行高亮度聚光和大范围泛光的照明，从而实现事故现场对事故车体主体和路面的同时照明补光。

（3）采用无极调光技术：照明灯头采用无极调光技术，实现亮度从0~100%的无极过度，使客户在现场使用时真正能够根据环境需求亮度进行灯具亮度的随心调节，解决固定档位调光无法实现随意调节亮度的境况。

（4）设计人性化、试用安全化。

1）照明灯头背面设置有红蓝交替闪烁警示灯，在使用现场可有效对来往车辆起到警示作用，保持现场作业人员的安全性。

2）灯具箱体采用亮黄色，且配置有反光贴条，可有效凸显作业灯具及现场，保护现场的安全性。

3）灯具配有专业单反相机云台，可有效替代现场相机三脚架使用，减少作业人员携带及布置工具的数量。

4）箱体内侧设置有开箱小型照明灯，在漆黑现场，可有效提供初步照明，方便灯头等组件的取出和置入。

5）灯具配置有车载电源线，电池电量不足时，可使用车载电瓶进行供电，应急性能强。

2. 使用方法

打开灯具直接摁动开关就可打开强光，再摁一下打开工作光，再按一下关闭。在强光或者工作光的情况下长按3s，进入频闪模式。

3. 使用注意事项

（1）聚光灯头、泛光灯头长时间开启后，灯头由于需要对LED进行散热会出现发热，属正常现象；故灯头长时间使用后，请冷却后再拆卸或戴手套进行拆卸，以防烫伤。

（2）在使用车载连接线时请启动汽车后使用，由于灯具功率较大，耗电量大，以防使用后无法启动车辆。

（3）灯具如在超过6级风的环境中使用，应将升降杆降到一个较安全的高度使用，防止因风力过大将灯具刮倒。同时灯头升起后，若需移动灯具位置，必须手扶升降杆或将升降杆下降到位以后方可移动。

（4）升降升降杆时，操作人员确保身体尤其是头部在灯头的升降范围外，同时每提升一节升降杆后均应该压紧该节的扳手，再提升下一节，以免灯头下滑造成人身伤害。

4. 维护及保养

（1）更换光源、充电、维护、拆卸灯具必须在安全场所进行。

（2）在危险场所擦拭表面必须使用湿棉布。

（3）此灯具不能随意拆卸，且不能在易燃易爆的场所拆卸。

四、轻便工作灯

轻便工作灯如图3-43所示。

1. 技术性能

图3-43　轻便工作灯

（1）灯具设有节能光和工作光两种工作模式且两种工作模式可任意切换。

（2）工作光放电时间大于8h，节能光大于24h，满足施工现场长时间的照明需求。

（3）电量显示：灯具在正常使用过程中，电量指示灯常亮，且分5段显示。5只LED全亮代表满电，4只亮代表还剩80%电量，依次类推。

（4）灯具自带USB充电功能（DC5V750mA），可为其他数码产品及小手电充电使用，以备应急之需。

（5）环照型配光，360°照明无死角，防眩设计，光线柔和，降低人眼视觉疲劳。

（6）灯具外壳采用二次注塑工艺，灯具底部采用包胶处理，大大增强灯具的抗冲击性能。

（7）携带方便，底座采用强力吸附设计，可保证灯具可靠地吸附在表面凹凸不平或生锈或有油渍附着的金属面。

2. 使用方法

打开灯具直接摁动开关就可打开强光，再摁一下打开工作光，再摁一下关闭。在强光或者工作光的情况下长按3s，进入频闪模式。

3. 使用注意事项

（1）充电时必须关闭电源，外壳略有温升属正常现象。

（2）灯具若长期不用，半年后应补充电。

（3）使用时各结构应保证紧密结合，以增强防水、防爆、抗冲击性能。

（4）外壳玻璃镜片出现裂痕，该防爆探照灯已不能在防爆场所使用。

（5）灯具购买以后，新灯必须进行一次充放电，然后再放置，且建议每隔一个月充放电一次。

4. 维护及保养

（1）更换光源、充电、维护、拆卸灯具必须在安全场所进行。

（2）在危险场所擦拭表面必须使用湿棉布。

（3）此灯具不能随意拆卸，且不能在易燃易爆的场所拆卸。

五、多功能强光巡检电筒

多功能强光巡检电筒如图3-44所示。

1. 技术性能

（1）光源采用第四代绿色环保的大功率、高亮度白光 LED，光源耗能少，使用寿命长达100000h。

（2）反射器采用高科技表面处理工艺，反光效率高，灯具照射距离可达100m 以上，可视距离达5000m 以上。

（3）具有工作光、强光、爆闪三档光，可作照明或远距离信号指示。爆闪除作为定位信号外，在夜晚，30m 以内还能使人瞬间致盲，达到警戒和个人防卫作用。棱角形灯头设计，可作为应急的防卫工具，以备不时之需。高能无记忆电池，容量大，寿命长，自放电率低，经济环保。灯具内部电路设计具有防止过充、过放、短路保护装置及开关防误操作功能。

（4）高硬度合金外壳，确保其能经受强烈冲击；防水并耐高低温、高湿性能好，可在各种恶劣环境条件下使用。外表面深度防滑处理，轻盈美观，可放在衣袋中携带，操作简单方便。

2. 使用方法

打开灯具直接按动开关就可打开强光，再按一下打开工作光，再按一下关闭。在强光或者工作光的情况下长按3s，进入频闪模式。

3. 使用注意事项

（1）充电时必须关闭电源，外壳略有温升属正常现象。

（2）灯具若长期不用，半年后应补充电。

（3）使用时各结构应保证紧密结合，以增强防水、防爆、抗冲击性能。

（4）外壳玻璃镜片出现裂痕，该防爆探照灯已不能在防爆场所使用。

（5）灯具购买以后，新灯必须进行一次充放电，然后再放置，且建议每隔一个月充放电一次。

4. 维护及保养

（1）更换光源、充电、维护、拆卸灯具必须在安全场所进行。

（2）在危险场所擦拭表面必须使用湿棉布。

（3）此灯具不能随意拆卸，且不能在易燃易爆的场所拆卸。

六、微型防爆头灯

微型防爆头灯如图3-44所示。

图3-44　微型防爆头灯

1. 技术性能

（1）采用固态免维护 LED 光源，光效高、寿命长，平均使用寿命长达 10 万 h。具有工作光、强光两种光源，通过按压按钮可进行自由转换。

（2）智能化的电量显示和低电压警示功能设计，可随时查询电池电量，当电量不足时，灯具会自动提示进行充电。

（3）高能聚合物锂离子电池，充放电性能优良，采用双重化保护技术，电池达到本安型要求，安全环保。

（4）外壳采用进口防弹胶，抗强力冲击，防水、防尘、绝缘、耐腐蚀性能好，可在各种恶劣环境下安全可靠使用。

（5）人性化的头带设计，头带柔软、弹性好，长短可调；也可安装在安全帽上工作。灯头照射角度可调节，可根据现场工作需要实现光线定位。外形灵巧美观，体积小、重量轻，非常适合头部佩戴使用。

2. 使用方法

打开灯具直接摁动开关就可打开强光，再摁一下打开工作光，再摁一下关闭。在强光或者工作光的情况下长按3s，进入频闪模式。

3. 使用注意事项

（1）充电时必须关闭电源，外壳略有温升属正常现象。

（2）灯具若长期不用，半年后应补充电。

（3）使用时各结构应保证紧密结合，以增强防水、防爆、抗冲击性能。

（4）外壳玻璃镜片出现裂痕，该防爆探照灯已不能在防爆场所使用。

（5）灯具购买以后，新灯必须进行一次充放电，然后再放置，且建议每隔一个月充放电一次。

4. 维护及保养

（1）更换光源、充电、维护、拆卸灯具必须在安全场所进行。

（2）在危险场所擦拭表面必须使用湿棉布。

（3）此灯具不能随意拆卸，且不能在易燃易爆的场所拆卸。

第四章

水上救生装备

洪涝灾害是最常见的自然灾害之一，巨大的破坏力给电网造成了严重损失，同时也给电力抢修、救援工作带来了严重困难和威胁。开展水上救生过程中运用水上救生相关设施设备，克服水上困难、化解水上危险，自救和争取他救，确保生命安全。常用水上救生设备大致可分为救生衣、水域救援装具、救生抛投器三大类。

第一节　救 生 衣

一、船用工作救生衣

船用工作救生衣如图4-1所示。

主要适用：船舶海洋工程、港口码头、抗洪抢险、海洋作业、水上漂流及内河船员、旅客、游客、水上游乐、野外垂钓等救生使用。

承重（kg）：95kg。

适合身高（cm）：155~190cm。

尺寸（cm）：54cm×56cm。

（1）内含高浮泡沫，净重500g，是普通救生衣的两倍。

（2）浮力大于9kg，可轻松承受95kg体重的成年人。

（3）可调节松紧扣带，适合多种身材穿着。

图4-1　船用工作救生衣

（4）设计精美，颜色鲜艳，造型时尚。

（5）救生衣还加了腿部跨带，可以有效地防止下水后救生衣夹紧头部而影响行动，更能够避免救生衣在入水和水流湍急的情况下脱落，更加安全!

（6）肩头配带两条夜间反光条，在水中明显易辨。便于在海中发现，方便搜救者用探照灯找到求救者。

执行标准：1974年国际海上人命安全公约1996年修正案；《船舶与海上设施法定检验规则》1999；救生设备试验 MSC.81（70）。

主要参数：浮材；聚乙烯泡沫塑料（在水中浸泡24h后浮力损失应小于5%浮态：落水者落水后5s离开水面，落水者后倾与垂直面所成平均角度≥30°）。

二、激流救援PFD（可快速逃脱型救生衣）

激流救援 PFD 如图4-2所示。

（1）等级：5。

（2）设计最大浮力：22磅。

（3）外部面料：500DCordura 高强耐磨尼龙。

（4）穿戴方式：前置拉链。

（5）口袋：前置2个。

（6）挂点：前置3个，后置1个。

（7）可调节系统：4个侧边织带，2个肩带，2个腰带。

图4-2　激流救援 PFD

（8）其他：反光带，快速解脱救援带，闪光灯挂点，荧光棒挂点。

（9）尺寸：适合胸围76~145cm 的使用者。

三、自动充气救生衣

型号：SY-A150（双气囊）。

规格：浮力：150N；体重范围：>30kg；适用胸围尺寸：55~140cm。

充气系统：一气室配自动充气装置，另一气室配手动充气装置。

口吹管：单向阀式。

气室工作气压：≥3.5kPa。

CO_2气瓶：33g，1/2英寸螺口，有效期10年。

触发剂：有效期3年；救生示位灯：有效期5年。

1. 穿戴说明

使用前，先练习闭合扣具及调节步骤（见图4-3）。

2. 充气说明

（1）自动充气——落水后自动充气装置在5s内将开始启动充气（见图4-4）。

（2）手动充气——自动充气完成后，如果气室不能膨胀或出现严重漏气，用力拉动手动充气装置上的球形拉柄，使刺针刺破气瓶膜片，CO_2气体冲入另一气室产生浮力。

（3）口吹充气——口吹管位于用户左侧。打开救生衣左侧，将口吹管拉至口中，吹气到气囊饱和。如果气囊由于CO_2气体外泄（经过一段时间气囊气体正常丧失），有必要通过口吹充气来保持足够浮力（见图4-4）。

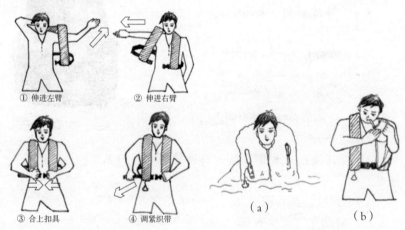

① 伸进左臂　② 伸进右臂　③ 合上扣具　④ 调紧织带

图4-3　穿戴说明

（a）　（b）

图4-4　充气说明

（a）落水后自动充气；（b）口吹充气

（4）冷冻条件下充气——在温度为或低于4℃条件下，气囊变得不饱和，除了自动充气外还需要进行口吹充气。该温度条件下CO_2气瓶充气时间会较长。

（5）其他充气说明

注意：不要口吹充气后再用 CO_2 气瓶进行手动或自动充气。口吹充气后再次重复 CO_2 气瓶充气将会破坏救生衣。

绝不能用气泵或空气压缩机来对救生衣充气。

用 CO_2 气瓶充气要比通过空气充气渗透丧失多，因此有必要通过口吹充气系统尽早补充。

3. 使用说明

使用前须检查下述事项。

（1）检查救生衣是否有破损。确保救生衣无裂缝或破洞。外罩上有破损表明充气室可能已经与导致破损的部件接触。如果发现这些瑕疵，在进行维修检测前不能继续使用。

（2）检查自动充气装置所处状况。自动充气装置的指示部件会告知您自动充气装置是否已经正确安装待使用。请参照自动充气装置指示部件检查说明。

（3）检查 CO_2 气瓶。当自动充气装置发生作用的时候，装有 CO_2 气体的气瓶会对救生衣充气。需要检查安装的 CO_2 气瓶尺寸正确并且先前未使用过。检查气瓶时，将 CO_2 气瓶拧下，观察螺口平面。如果发现螺口平面有破损现象，需更换 CO_2 气瓶。参考该使用说明首页产品规格部分来选取适当尺寸的 CO_2 气瓶，包括螺口尺寸和 CO_2 气瓶重量不低于 CO_2 气瓶标示重量（CO_2 气瓶上无显示内装气体是否装满的部件）。如果 CO_2 气瓶完好，还需要正确旋回到自动充气装置上。

CO_2 气瓶的附加说明如下。

1）安装 CO_2 气瓶前，未正确安装自动充气装置将会导致气瓶立刻充气。

2）CO_2 气瓶仅能充气一次，不能再次充气使用。

3）CO_2 气瓶外表的保护镀层在置于环境下或使用一段时间后可能会腐蚀，此时的 CO_2 气瓶会出现一些生锈迹象。在这种情况下，要更换 CO_2 气瓶。

4. 救生示位灯

左手握住操作尾部开关，右手将开关打开，在水中救生示位灯会自动发光（不能随意将电池的两极连接）。

5. 排气说明

用连在口吹管上的帽盖插进口吹管末端按压口吹管（位于口吹管末端），如图4-5所示。在按压口吹管的同时，轻轻将气体从气囊中排出。不能将救生衣气囊卷曲来排气。排气完成后防尘帽要恢复原状态。如果由于某种原因口吹管保持敞开，多次按压阀门，如果不能回位的话，该救生衣需要进行维修。

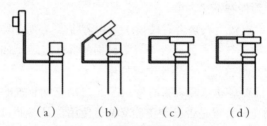

（a） （b） （c） （d）

图4-5 带防尘帽的口吹管

（a）打开;（b）倒过来;（c）按压;（d）复位

6. 自动充气装置再安装说明

（1）将用过的 CO_2 气瓶以逆时针的方向拧下并扔掉。

（2）将手拉充气杆合进充气部件中并将新的绿色指示片装上，它可以尽可能地保护充气拉杆不会被误拉。

（3）检查充气部件与 CO_2 气瓶瓶口相接的螺口和密封圈。如果有破损，要重新更换密封圈。

（4）将阀体内融化的触发剂取出扔掉，再将阀体内的水擦干，并放入新的触发剂，旋紧弹簧底座。

（5）检查新的 CO_2 气瓶的瓶口面，确保它光滑无破损或刮伤迹象，气瓶上标有毛重。您可以在一个小型秤上称他的质量，如果称出质量不低于 CO_2 气瓶标示质量就可正常使用，如低于标示质量，请换另外一个 CO_2 气瓶。

（6）将新的 CO_2 气瓶沿顺时针方向拧进充气部件主体上，拧紧。但不能过紧，要确保适度防止损坏阀体螺纹。

（7）每次使用前，检查充气部件上安装的指示部件（如指示片完好才可使用）。另外，要定期检查 CO_2 气瓶瓶口，确保它未被刺破。

自动充气装置图如图4-6所示。

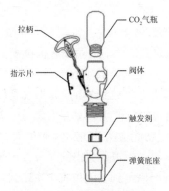

CO₂气瓶
拉柄
指示片
阀体
触发剂
弹簧底座

图4-6　自动充气装置图

四、救生衣其他使用说明

（1）除非您在船舱内，否则要时时穿上救生衣。

（2）避免会对救生衣产生磨损的所有不必要的活动。

（3）在尖锐物周围使用时要特别的小心。

（4）避免在阳光下暴晒。

（5）自动充气式救生衣如果落入水中或将充气系统置于不必要的水喷洒环境中，将会引起无意间充气。

五、救生衣维护说明

1. 一般使用寿命

救生衣的使用寿命很大程度上取决于怎样使用和维护，要避免在有太阳光的地方储藏。太阳光含有紫外线，会减弱合成材料的性能。过长时间地置于高温和湿度较大的环境中会缩短其使用寿命。

我们知道这些因素会降低材料性能，每次使用环境又有所不同，因此没有一种确定的方法来预估其使用寿命。鉴于此原因，您必须遵照维护和清洁说明并进行维护和性能检查。这样才能确保救生衣的最长使用寿命。未遵照这些说明会导致救生衣功能失常，引起使用人受伤甚至死亡。

2. 维护和清洁说明

晾干——如果救生衣是湿的，将其挂在有镀层的衣架上彻底晾干。不要直接在太阳下晒，也不能使用任何热源。

清洁——合成布料建议用温和洗涤剂湿擦。立刻擦去油渍。用清水清洗干净。

六、检测

用户检测——用户要按照下述建议进行检查。

（1）漏气测试（充气类救生衣）——每两年都要进行此项测试。使用口吹管将气囊充气放置24h，如果气囊仍保持原来状态，说明不漏气，处于正常可继续使用。如果有漏气，需进行维修。

（2）口吹管阀门功能检测（充气类救生衣）——移开防尘帽。救生衣充气状态下，使用帽盖上突出的部分按压阀门来测试，阀门要易压下，当松开时，要恢复到关闭位置再次密封。

（3）外罩和织带的外观检测——检查外罩布、接缝、织带连接、扣具等；布褪色表明其强度减弱，通过拉紧接缝和连接部分来检查其强度。如果救生衣有任何破损现象，需更换，每次外出前要进行该项检测。

（4）自动充气类救生衣——穿上救生衣未充气状态进入浅水区域（水深要足够让您的头部高出水面），自动充气装置会发生作用，然后充气。

（5）充气类救生衣头部向后倾斜，看充足气的救生衣是否能将您浮起（身体稍向后倾斜）在放松漂浮状态，看您的嘴巴是否高出水面。

（6）重复这些步骤，救生衣口吹充气，将救生衣部分充气，这样您可以被足够支撑来完成充气。记住：体弱或不会游泳者不建议使用自动充气救生衣。

（7）移去，排气、晾干并根据厂商说明重新安装。

七、一般储藏要求

（1）各类救生衣要求储藏在干净、凉爽、干燥的地方。

（2）自动充气救生衣不能将触发剂过长时间地置放在湿度和温度过高的环境中。要密封保存。触发剂属易碎品，运输时要防止挤压。触发剂的储藏时间不能超过3年（触发剂在使用状态下每12个月必须更换）。

第二节 水域救援装具

水域救援装具集合如图4-7所示。

图4-7 水域救援装具集合

一、特级干式搜救潜水服

特级干式搜救潜水服如图4-8所示。

（1）适合重型救援作业需求，透气防水400Dtriton面料，可使用多年。

（2）外部cordura加厚面料材质：臀部、肘部、膝盖处等高频率作业区域。

（3）氯丁橡胶涂料，增强膝盖与肘部摩擦。

（4）内部吊带，方便你在水中穿着舒适。

（5）自漏水大腿口袋。

（6）YKK拉链。

（7）反光条设计。

（8）可调整腰部。

图4-8 特级干式搜救潜水服

二、经典湿式潜水服

经典湿式潜水服如图4-9所示。

（1）采用行业领先的PolartecStretch-Fleece面料，提供极好的保温，导汗与舒适。

（2）4处可延伸面料层随着你的移动自有拉伸与收回，减少面料对身体的限制。

（3）内部更好的排汗设计。

（4）双缝线设计，具有更好的密封效果。

（5）双拉链设计，更方便。

图4-9　经典湿式潜水服

三、水面救援制式头盔

水面救援制式头盔如图4-10所示。

该头盔可应对绝大多数水域安全活动。

可以快速佩戴和调整，适合不同大小的头型。

（1）不分尺寸，适应所有头型。

（2）只需要通过调整调节器，可快速调配头盔。

图4-10　水面救援制式头盔

（3）带下颚固定带。

（4）内部衬垫提升舒适性。

（5）通气与出水口。

（6）ABS工程塑料外壳，轻便耐久。

（7）抗冲击EVA。

（8）符合CE1385水域安全标准。

四、水域作业手套

水域作业手套如图4-11所示。

该手套为耐久、保温、灵活的作业手套。

（1）加强表面处理提供更好的保护：划桨、绳索作业等。

（2）背面采用2mmTerreprene橡胶涂层增强保温效果。

（3）3mm保护垫层。

（4）手掌与手指采用橡胶合成皮革，具有优秀

图4-11　水域作业手套

的抓力效果。

（5）　GRIPCOTE涂层提供更好的摩擦与耐久效果。

（6）手腕处快速调节与固定。

五、水域救援作业靴

水域救援作业靴如图4-12所示。

（1）　5mm上端氯丁橡胶涂层与整体合成皮革提供保暖。

（2）脚踝保护以及更好的固定。

（3）脚踝处带有固定绑带。

图4-12　水域救援作业靴

（4）橡胶大底提供更好的减震效果适应水面和陆地多种地。

（5）表面加强处理。

六、水域作业装备打理包

水域作业装备打理包如图4-13所示。

该包用于打理多种水上作业工具。

（1）600D聚氨酯布料，足够牢固。

（2）拉链大开口。

（3）内部隔层方便分类整理。

（4）加强的提手与肩带。

图4-13　水域作业装备打理包

（5）　3m反光条。

（6）宽16英寸，长30英寸，直径16英寸。

七、水域救援担架

1. 水域卷式浮力救援担架

水域卷式浮力救援担架如图4-14所示。

特点：自带漂浮系统；伤员固定带；含外包装；卷曲结构适用多种体型；便于收纳与快速使用。

操作方式如下。

（1）人工充气。打开充气口用口吹的方式进行充气。

（2）机械充气。打开充气口用电动充气泵（或工人气筒）的方式进

图4-14　水域卷式浮力救援担架

行充气。

2. 水域充气式救援担架

特点：自动充气；体积小便于携带；操作便捷使用方便。

操作方式如下。

（1）自动充气操作。自动阀一侧朝下平抛向被救援者（本产品体积较大入水有时由于方向问题可能导致自动阀不能没入水中无法自动充气，必要时将产品按压入水中8s内产品将自动充气）。如需加牵引绳可将绳子的一端系于红色环状提手上。

（2）手动充气操作。从包装袋中取出、摊平（见图4-15）。握紧60gCO$_2$气瓶拉下拉柄开始充气（见图4-16）（警告：包装状态下充气会导致破损）。握紧16gCO$_2$气瓶拉下拉柄开始充气（见图4-17）。完全饱和时即可使用（见图4-18）（警告：如果气体未完全排空请勿充气，否则可能导致气囊破损）。

图4-15　从包装袋中取出、摊平

图4-16　握紧60gCO$_2$气瓶拉下拉柄开始充气

图4-17　握紧16gCO$_2$气瓶拉下拉柄开始充气

图4-18　完全饱和

（3）排气方法。将防尘帽倒插进口吹管末端（见图4-19）。折叠，排尽气体（见图4-20）。将防尘帽复位（见图4-21）（注意：除口吹充气或排气时打开防尘帽外，防尘帽应处于盖紧状态）。

（4）再安装说明。握紧装置，逆时针旋下气瓶（见图4-22）。将充气拉杆回位，旋入新气瓶（见图4-23）（警告：如充气拉杆未回位旋进新气瓶将会导致立即充气）。

图4-19　将防尘帽倒插
进口吹管末端

图4-20　折叠，排尽
气体

图4-21　将防尘帽
复位

图4-22　握紧装置，逆时针旋
下气瓶

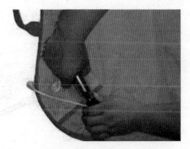

图4-23　将充气拉杆回位，旋入新
气瓶

八、救生圈

聚乙烯救生圈如图4-24所示。

符合《1974年国际海上人命安全公约
1996年修正案》（SOLAS74/96）《国际救生
设备规则（LSA）》《国际海事组织救生设备
试验　海安会决议 MSC.81（70）》

（1）外径720mm，内径440mm。

（2）能在淡水中支承不少于14.5kg的铁
块达24h之久。

图4-24　聚乙烯救生圈

（3）具有不少于2.5kg的质量。

九、水面漂浮救生绳

水面漂浮救生绳如图4-25所示。

材质：涤纶。

承重：800kg。

规格：100mm×30m 带浮环。

图4-25　水面漂浮救生绳

第三节 救生抛投器

救生抛投器（见图4-26）是以压缩空气为动力，向目标抛投救绳索及救生圈的一种救援装备，主要用于海难遇险、高层空难、灾害事故现场及特殊场合的救援。

图4-26 救生抛投器

一、使用范围

（1）灾害事故现场，船与船之间距离较远，用于导向牵引作用。

（2）也可作高层救援输送安全绳和器材使用。

二、救生抛投器的结构

1. 组成

救生抛投器主要由发射机械装置、发射气瓶总成、绳包总成、充气装置、保护装置、快速自动充气装置、附件组成。

2. 工作原理

气动型：工作气体在工作前充入气瓶内，发射后，气瓶内空气从气瓶口漏出，气瓶利用气流的反作用力向前运动，利用气瓶的稳定性引导绳的牵引控制。使用时可反复充气使用。

三、救生抛投器的性能参数

陆用型可携带救援绳飞行60~90m（高度大于30m）；水用型可携带救援绳飞行40~70m，装有自动膨胀救生圈（气瓶落水后3~5s，救生圈自动涨开）（型号：PTQ6.0-Y110Q100通过国家消防装备质量监督检验中心型式认证）。

1. 性能参数

性能参数见表4-1。

表4-1 配置清单

序号	名称	单位	数量	图片	备注
1	基本组件	套	1		可选配斜度仪
2	抛绳救援弹	个	2		内置120m救援绳
3	水用救援弹	个	2		内置100m救援绳，带自动充气救生圈
4	训练弹	个	1		弹性材质，耐冲击
5	绳包	个	2		其中一个装有120m救援绳
6	装绳器	支	1		球阀式
7	CO_2气瓶	个	8		气体净含量33g/瓶
8	CO_2气瓶	个	4		气体净含量16g/瓶
9	触发剂	个	4	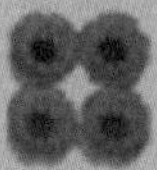	铝膜包装
10	水用保护套	套	2		配有12条扎带

序号	名称	单位	数量	图片	备注
11	用户手册	本	1		
12	密封圈	个	2		$\phi5 \times 2.5/$ $\phi26 \times 2.6$

2. 技术参数

技术参数见表4-2。

表4-2 技术参数表

标准尺寸	便携式背包940mm×370mm×250mm
弹头配置	抛绳救援弹×2（内置120m救援绳），训练弹×1（弹性材质，耐冲击），水用救援弹×2（内置100m救援绳带自动重启救生圈），120m绳包×1
工作压力	6MPa（60bar/870psi），33g 二氧化碳气瓶
设备重量	总重16.3kg，基本组件3.3kg
发射参数	发射初速≥25m/s，空中飞行时间：3~5s，抛投质量≥1.8kg
抛射距离	水用时抛射自动充气救生衣最远100m
	陆用时抛射距离最远110m
抛绳规格	$\phi3$（抛绳拉力不小于2000N）

四、救生抛投器的使用方法

1. 使用方法

救生抛投器的使用方法如图4-27~图4-30所示。

（1）检查器材：使用前，先检查器材是否完好，气瓶表面有无外伤。

（2）准备器材：通过连接吊钩，将气瓶与绳索连接牢固，气瓶安装到抛射器上，充气接口与气源气瓶连好，装好安全销。

（3）充气：稍开气瓶阀，将发射气瓶充至15~20MPa。

（4）发射：拔出安全销，以适当角度（一般为35°），并估计发射高度，扣动发射扳机进行发射。

图4-27　充气介绍

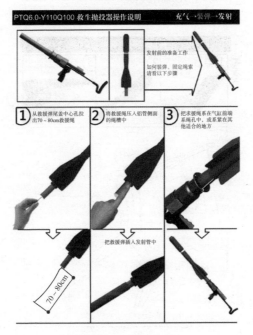

图4-28　装弹介绍

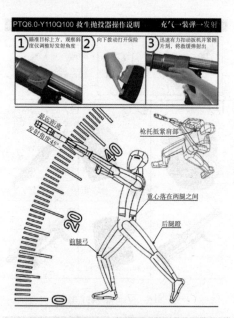

图4-29 发射介绍

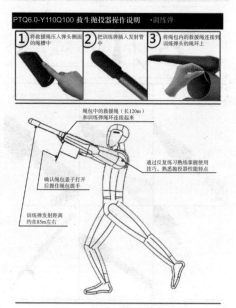

图4-30 发射训练弹

注意：当抛投器不用时，已用或未用的 CO_2 气瓶不允许留在气瓶固定管内。

注意：充气完成后，根据不同场合和需求选择适合的抛射弹。

注意：抛投器发射时有一定的后坐力，请尽量选择在平稳开放的环境中使用。

2. 装绳方法

方法一：气动模式。

准备工作：把救援绳从救援弹上解开，理顺，清洗，晾干后将其重新装入。整个过程都需要注意避免绳子打结。

操作步骤如下。

（1）把接头连上空压机气源 0.5~0.7MPa，从装绳器手柄小孔处插入 3~4cm 长的救援绳（见图 4-31）。

（2）向上转动气阀手柄打开气阀，救援绳将从管子另一端吹出来（见图 4-32）。

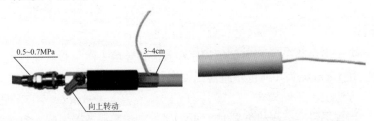

图 4-31 操作步骤（1）　　　　图 4-32 操作步骤（2）

（3）把吹出的救援绳和救援弹里的引导绳打结（见图 4-33）。

（4）把装绳器插入发射弹铝管中，打开气阀并上下移动装绳器，救援绳将装入救援弹（见图 4-34）。

图 4-33 操作步骤（3）　　　　图 4-34 操作步骤（4）

（5）当救援绳还剩 4m 左右的长度时打一个简单的绳结，继续装入救援弹，此目的是在救援弹飞行时拉出尾盖（见图 4-35）。

（6）当救援绳全部装入救援弹后，将救援绳的末端从尾盖中心孔中穿出（见图4-36）。

图4-35　操作步骤(5)　　　　　　图4-36　操作步骤(6)

（7）盖上尾盖，发射弹处于备用状态（见图4-37）。

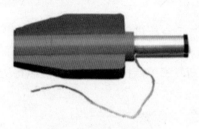

图4-37　操作步骤(7)

关于绳包装绳：所有装填程序和救援弹装填一样。救援绳装填之后，留10cm绳头在绳包外面，以便跟其他绳索连接。

方法二：手动模式。

当现场没有空压机气源时，可用如下方法完成救援绳装入救援弹的工作。

操作步骤如下。

（1）将救援绳理顺，并和救援弹里的引导绳连接。

（2）将救援绳顺次放入弹管，用装绳器前端将绳子往里压，直到装满为止。

（3）当救援绳装入救援弹后，将其末端从尾盖中心孔中穿出。

（4）盖上尾盖，发射体处于备用状态。

注意：救援弹未装尾盖严禁发射！

更换自动充气救生圈救援弹头。

（1）救援绳装完后，将绳子的末段与救生圈拉绳连接（见图4-38）。

（2）将自动充气救生圈救援弹头跟救援弹体套合（见图4-39），弹头对准位置套入后要旋转一下使卡点定位。

注意：套合前，要确保救援绳已装入救援弹弹体。

图4-38　将绳子的末段与救生圈　　图4-39　将自动充气救生圈救援弹
　　　　　拉绳连接　　　　　　　　　　　　头跟救援弹体套合

五、保养和维护

（1）使用后，为防止沙子及其他杂物附着，请用清水清洗，并用干布擦拭。在进气口处滴2~3滴润滑油（见图4-40）。

图4-40　在进气口处滴2~3滴润滑油

（2）将使用后救生圈充气至饱和并在室内放置24h，无明显漏气方可再次使用。

（3）每月检查：试推保险拨钮和扳机确保顺畅自如，此项需在室外进行以防因有剩余气体残留在主体内造成危险。

（4）其他：如发现漏气或其他异常现象，请将抛投器存放于干燥安全处，及时维修。

六、重新安装自动充气救生圈

准备工作：在重新安装救生圈前，将其清洗、风干，并排空救生圈内的残留气体。

（1）拧下救生圈上自动阀的底座，将使用的触过的触发剂取下

（见图4-41）。

（2）将自动阀阀体内的水擦干，换上新发剂（白面向上），将底座旋紧（见图4-42）。

注意：触发剂有效期储存状态2年，使用状态1年必须进行更换。

图4-41　取下触发剂

图4-42　将底座旋紧

注意：自动阀处于正常工作状态时，底座的底端显示绿色（见图4-43），反之显示红色（见图4-44）。

图4-43　正常工作状态

图4-44　非正常工作状态

充气原理，触发剂遇水后会迅速溶解，底座里的顶杆在压簧的作用下撞击刺针，刺破 CO_2 气瓶，向救生圈内充气，使之迅速膨胀。

图4-45　充气原理

（3）将用过的 CO_2 气瓶取下，换上新的 CO_2 气瓶。 CO_2 气瓶使用过后，瓶口会被刺针刺破留下一个洞（见图4-46）。

图4-46　取下 CO_2 气瓶

（4）救生圈上有一个人工应急充气嘴（下称口吹管），在救生圈压力不足的情况下可使用口吹管进行补充（救生圈的排气也通过口吹管进行）。

注意：必须将救生圈内的气体排空，否则将无法装入水用保护套。

排气方法如图4-47所示。

将口吹管上的黑色防尘帽取下，反向插入口吹管。

将救生圈从一端卷起，使气体排出。

救生圈内空气排空后，将黑色防尘帽按原样复位，扣在口吹管上。

图4-47　排气方法

（5）包装如图4-48（a）、（b）所示。

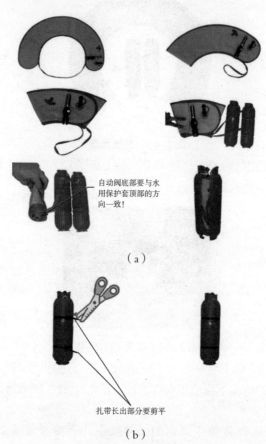

自动阀底部要与水用保护套顶部的方向一致！

（a）

扎带长出部分要剪平

（b）

图4-48　包装

注意：在将自动充气救生圈装入保护套时，自动阀底部要与水用保护套顶部的方向一致。错误的安装可能导致无法迅速充气。

第五章

应急通信装备

　　应急通信装备是指在电力突发事件情况下保障电力应急通信的装备。目前应用于电网企业的应急通信装备主要有：电力应急卫星通信系统、无线单兵系统、大功率对讲系统、海事卫星电话，等等。本章主要介绍几类常用电力应急通信技术装备，便于电网企业应急救援工作者科学了解与使用。

第一节　卫星通信技术装备

一、技术简介

　　卫星通信是指地球上的无线电台站之间利用人造卫星作中继站而进行的通信，卫星通信系统的拓扑如图5-1所示。

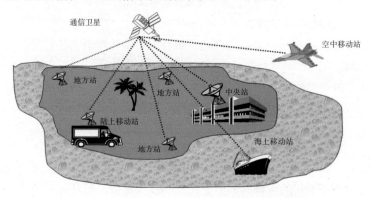

通信卫星　空中移动站　地方站　地方站　中央站　陆上移动站　地方站　海上移动站

图5-1　卫星通信系统拓扑图

卫星通信技术主要有如下特点。

（1）覆盖范围大，以广播方式工作，可实现多址通信。

（2）通信距离远，通信成本对距离不敏感。

（3）通信容量大，能传输的业务种类多。

（4）组网灵活，开通迅速，扩容方便，应用多样。

（5）通信链路稳定可靠，传输质量高。

（6）传播延时较大，不能满足某些业务对实时性的要求。

（7）卫星较大，制造周期和发射准备时间长，风险较高。

二、卫星通信系统的基本组成

卫星通信系统的基本组成如图5-2所示。

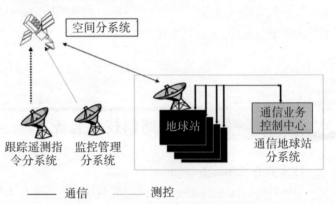

图5-2 卫星通信系统的基本组成

（1）跟踪遥测及指令分系统：对卫星进行跟踪测量，控制其准确入轨、定点；卫星正常运行期间，进行卫星轨道修正、位置保持。

（2）监控管理分系统：对定点卫星在业务开通前、后进行通信性能的监测和控制，如对转发器功率、卫星天线增益、各地球站发射功率、射频和带宽等基本参数进行监控，以保证正常通信。

（3）空间分系统：即通信卫星，主要完成信号的中继作用。

（4）通信地球站分系统：通信地球站分系统是整个卫星通信系统的应用主体，用户通过它们接入卫星线路，进行通信。地球站分系统可以位于不同的平台，如固定式、机载、车载、船载、手持式，工作在一个或多个频段，具有不同的天线口径和功率，组成多种网络结构，使用不同的多址体制来接入卫星，向用户提供丰富的业务。

三、电力应急卫星通信车

电力应急卫星通信车部署于前方应急指挥部，当灾害现场常规通信网络瘫痪时，该车的应急卫星系统可以快速启动，架通卫星业务。为后方应急指挥中心需要第一时间了解灾区的音视频信息提供了有效的技术手段。车载的单兵系统可以覆盖距通信车半径2km范围的语音视频图像回传。车体装备的卫星便携站可以布置在任意距离（不受限制）与抢修现场实现视频会商、语音呼叫等功能。

卫星应急通信系统采用基于IP的网络融合、基于AV控制器的终端共享和软交换等一系列实用技术，实现了在同一个VSAT网络内卫星IP电话、高清视频会议、现场图像传输、移动办公等多种业务、多种媒体高度融合，实现了应急指挥通信各个业务系统与公司系统电力通信固定网络各个业务系统无缝连接、统一编号和便捷使用，实现了各个业务系统横向之间、远程传输与近程接入系统之间都能互联互通，实现了应急指挥中心、前线应急指挥部、应急通信车载站、便携站、车内人员、车外人员全线一体化灵活通信。

应急卫星通信车通常在一些特种车辆上改装而成，携带必要的通信装备，通常集成度较高。本节介绍车载应急通信集成装置安装在一辆三菱帕杰罗越野车上，外观（见图5-3）根据车体的具体尺寸设计集成装置的箱体（见图5-4），紧密连接在车体的尾部，图5-5为集成系统的安装与布局图、图5-6为系统拓扑图。

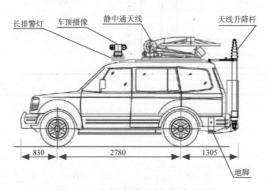

图5-3　应急卫星通信车外观图

图5-4　集成装置的箱体

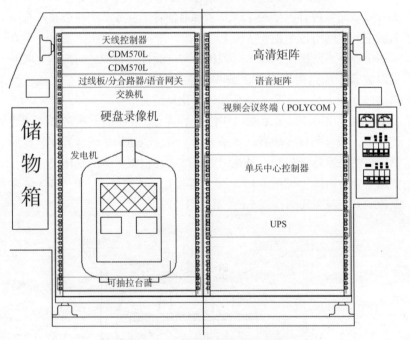

图5-5　车体内部通信集成装置

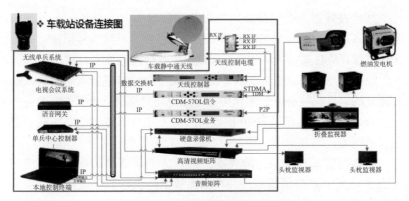

图5-6 通信集成装置系统图

系统拓扑如图5-7所示，本地控制终端、电视会议系统、卫星猫（CMD570L）、单兵中心控制器通过路由器进行互联，在同一网段内设置IP地址，本地控制终端实现对连接模块的控制访问。

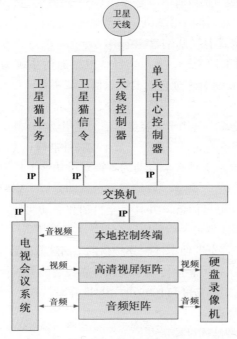

图5-7 通信集成装置拓扑图

高清视频矩阵、音频矩阵用以传送摄像头、麦克风的音视频信号，实现应急通信现场与应急指挥中心的各路音视频信号切换。硬盘录像机保存应急通信现场的音视频的历史数据，以便实时调用。

卫星猫与外围卫星天线设备连接，对卫星信号进行调制解调，通过建立的卫星载波通道，实现应急卫星车与对端应急指挥中心的业务连接。高清会议系统通过 IP 地址访问的方式与卫星猫连接，通过卫星猫的网关，实现与应急指挥中心的音视频传送。

应急通信车无法深入的现场，往往需要借助单兵系统深入现场勘察。单兵中心控制器是一种车载无线图传设备，接收单兵终端采集音视频信号，经过交换机与卫星猫网关连接，将信号传送至应急指挥中心。

天线控制单元主要实现对卫星天线的寻星、对星功能。其为标准1U 上架机箱，集电源、驱动、控制、信号捕获等于一体，设计紧凑，安装方便，操作简单。设备不需要专业的人员操作，具备一键对星模式，寻星时间小于3min。

四、便携式卫星基站

以 TS-ADK1200B 便携式全自动卫星通信系统为例进行阐述。TS-ADK1200B 便携式全自动卫星通信系统主要针对政府应急通信部门、新闻媒体、公安、边防、武警、军队等特殊用户而设计的新一代卫星通信设备，适用于大容量通信的应用场合。

该系统配备等效口径为第二节米的高性能修正型双偏置格里高利天线系统，该系统具有全自动的一键对星功能工作模式。设备从展开、跟踪、对星、调整、收藏均可全自动完成，安装简单，无须校准，快速建立卫星信道，并具有全自动和手动两种工作模式。断电时，配备有手摇柄可手动操作。全系统大量采用碳纤维材料，确保了其在大口径条件下的便携性。系统借助于高性能的数字信标接收机、高精度 LNB、高可靠性传动系统和可靠稳定的天线控制系统，使得其具有优秀的跟踪精度和100%的寻星准确率。

1. 性能特点

（1）机械结构设计特点

1）高度集成：天线反射系统采用一体化的结构设计理念，馈源无须拆卸，BUC 专用波导连接。

2）馈源支臂通用设计：整机结构通用设计，馈源支臂可安装市场主流 BUC 厂家生产的40W（含）以内的 BUC 和 LNB，部分 BUC 产品最大可安装到60W。

3）精密的传动系统：方位、俯仰传动系统采用专用进口精密器件，配合高可靠性的传动结构设计，传动扭矩安全系数高，确保扭矩具有足够的余量，以便使得天线系统具备全天候的工作能力，使用寿命长。

4）高度防水设计：系统采用整体密封设计，满足三防及淋雨要求，防护等级达到 IP55，天线系统具备安全可靠的全天候工作能力。

5）外观可靠：整机稳重大方，结构强度和可靠性高。

（2）控制系统特点

1）控制方式多样：手持终端（有线）、一键通操作、笔记本电脑（有线、无线），系统内置 WebServer，PC 无须安装专用软件，直接 IE 登录，使用灵活，便于监控。

2）高可靠控制系统：天线控制系统硬件基于 ARM9 处理器和 Linux 平台开发。

3）集成 GPS：控制板上集成 GPS 接收机，控制系统软件内置全国经纬度速查表，可用度高。

4）极化闭环调整：独有的极化闭环自动调整技术，使得交叉极化干扰更小，极化隔离度更高，有效避免了由于地面倾斜带来的极化角度不准和交叉极化隔离度恶化的问题。

5）跟踪主瓣判断：天线具有自动的主瓣判断功能，确保天线100% 不会跟踪锁定在旁瓣上。

6）软件防错锁：系统控制软件具有防错锁功能，能够快速判断被锁定信号是否为指定的信标信号，防止系统锁定在其他载波上。

7）远程维护：具有远程故障诊断、软件升级功能。

8）易操作性：系统工作在全自动模式下，实现一键对星。同时，也可以在特殊情况下工作在手控电动的工作模式下，更可以在断电的情况下进行全手动操作。

9）兼容性：在不改变任何硬件连线的情况下通过软件选择信标

机类型。

（3）电气性能特点

1）高效的电源供给系统：专用综合供给电源，能够为全系统提供稳定可靠的供电，包括 BUC 和 LNB。

2）BUC 供电：天线系统内部可为 BUC 提供24VDC 或48VDC供电，供电电压可手动切换，48VDC 可提供8Amps 电流，24VDC 可提供10Amps 电流，满足市场主流设备用电需求。

3）数字信标机：系统采用数字信标机，具有可靠性高、一致性好、不易老化、数字锁相环不会错锁信标的绝对优势，使得全系统稳定性和可靠性更高，对星准确度更高。

2. 系统组成

TS-ADK1200B 便携式全自动卫星通信天线主要由1.2m 天线分系统、 BUC 分系统、 LNB 分系统、卫星信道设备分系统、 GPS 定位分系统、伺服驱动分系统、自动保护分系统、信标接收机分系统、天线控制单元（ACU）、位置检测分系统、极化自动调整分系统、天线智能控制终端、智能控制管理软件分系统、综合电源分系统以及天线手动控制分系统组成，如图5-8所示。

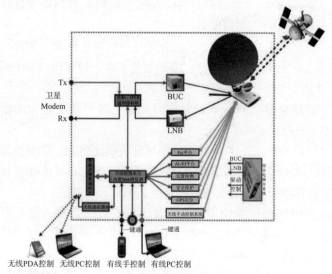

图5-8　系统组成

3. 系统结构和功能

天线系统均由天馈系统、主机系统、伺服传动系统和自动控制系统四大系统组成。

其主要包括可拆装天线面、馈源支臂、天线主机、馈源组件、LNB、电机、方位俯仰传动系统、限位开关、 GPS、指北针、角度传感、自动保护、智能控制软件、手持控制终端等设备。

天线系统收藏时小巧、轻便，便于携带、运输；使用时，它是一套完整的卫星通信射频系统。

天线系统各部位功能如图5-9所示。

天线拼瓣和天线收藏状态如图5-10所示。

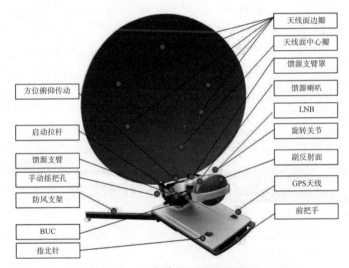

方位俯仰传动
启动拉杆
馈源支臂
手动摇把孔
防风支架
BUC
指北针

天线面边瓣
天线面中心瓣
馈源支臂罩
馈源喇叭
LNB
旋转关节
副反射面
GPS天线
前把手

图5-9　天线系统各部位功能

图5-10　天线拼瓣和天线收藏状态

天线系统集成了天线控制单元，其操作、状态显示主要通过一部多功能手持控制终端来实现。

天线控制系统主要由天线控制单元（内置）、信标跟踪接收机（内置）、智能控制软件（内嵌）、手持控制终端和电源部分组成。

天线系统均采用偏馈设计，实现了高增益、低旁瓣和低交叉极化的优越电气性能。大线反射面由6瓣组成，中间为反射面的主要部分，它与天线座连接，不可拆卸，称为中央反射面；边缘5瓣反射面通过搭扣与中央反射面连接，并且拆卸、收藏方便，称为反射面的边瓣。

天线系统的伺服与控制部分采用GPS、角度传感器、精密传动机构，通过内嵌的控制软件，控制天线方位、俯仰和极化做出相应动作。天线控制器处理角度传感器反馈数值并控制天线基本指向卫星；然后，闭环自动跟踪子系统根据卫星信标跟踪接收机的信号输出电平，控制天线的方位、俯仰和极化，使其始终锁定在最佳跟踪位置，形成闭环反馈自动跟踪。

第二节 无线通信技术装备

一、无线通信技术简介

1. 无线电的特点

无线电波根据波长和频率，可分为超长波、长波、中波、短波、超短波、微波等波段（也称频段）。长波，主要用于导航，引导舰船和飞机按预定线路航行。中波作为大众媒介的信息渠道，我们平时就是在这个波段收听本地广播电台的中波节目。短波作为远距离通信频率。超短波作为电视的信使。无线电波的频率越高，其波长越短；无线电波的频率越低，其波长越长。通常情况下，无线电波的频率越高，传输损耗越大，穿透能力越强，反射能力越强，绕射能力越低。

（1）排他性。无线电频谱资源与其他资源具有共同的属性，即排他性，在一定的时间、地区和频域内，一旦被使用，其他设备就

表5-1　无线频率划分表

名称	甚低频	低频	中频	高频	甚高频	超高频	特高频	极高频
符号	VLF	LF	MF	HF	VHF	UHF	SHF	EHF
频率	3~30kHz	30~300kHz	0.3~3MHz	3~30MHz	30~300MHz	0.3~3GHz	3~30GHz	30~300GHz
波段	超长波	长波	中波	短波	米波	分米波	厘米波	毫米波
波长	1Mm~100km	10km~1km	1Km~100m	100m~10m	10m~1m	1m~0.1m	10cm~1cm	10mm~1mm
传播特性	空间波为主	地波为主	地波与天波	天波与地波	空间波	空间波	空间波	空间波
主要用途	海岸潜艇通信；远距离通信；超远距离导航	越洋通信；中距离通信；地下岩层通信；远距离导航	船用通信；业余无线电通信；移动通信；中距离离导航	远距离短波通信；国际定点通信	电离层散射（30~60MHz）；流星余迹通信；人造电离层通信（30~144MHz）；对空间飞行体通信；移动通信	小容量微波中继通信（352~420MHz）；对流层散射通信（700~10000MHz）；中容量微波通信（1700~2400MHz）	大容量微波中继通信（3600~4200MHz）；大容量微波中继通信（5850~8500MHz）；数字通信；卫星通信；国际海事卫星通信（1500~1600MHz）	再入大气层时的通信；波导通信

不能再使用。

（2）复用性。虽然无线电频谱具有排他性，但在一定的时间、地区、频域和编码条件下，无线电频率是可以重复使用和利用的，即不同无线电业务和设备可以频率复用和共用。

（3）易污染性。如果无线电频率使用不当，就会受到其他无线电台、自然噪声和人为噪声的干扰而无法正常工作，或者干扰其他无线电台站，使其不能正常工作，使之无法准确、有效和迅速地传送信息。

2. 无线电的传输特性

（1）路径损耗又称传播损耗，指电波在空间传播所产生的损耗，是由发射功率的辐射扩散及信道的传播特性造成的，反映宏观范围内接收信号功率均值的变化。理论上认为，对于相同的收发距离，路径损耗也相同。

$$L_r=20\lg（d）+20\lg（f）+32.4$$

式中　L_r——路径损耗；

　　　d——无线信号自由空间传播距离，km；

　　　f——频率，MHz。

由基本公式可知，当频率越高时，传输损耗也就越高。

（2）阴影衰落，在移动通信传播环境中，电波在传播路径上遇到起伏的山丘、建筑物、树林等障碍物阻挡，形成电波的阴影区，就会造成信号场强中值的缓慢变化，引起衰落。通常把这种现象称为阴影效应，由此引起的衰落又称为阴影慢衰落（见图5-11）。

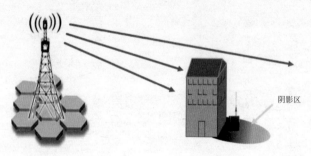

阴影区

图5-11　阴影衰弱

（3）多径衰落，由于电波通过各个路径的距离不同，因而各条路径中发射波的到达时间、相位都不相同。不同相位的多个信号在接收端叠加，如果同向叠加则会使信号幅度增强，而反向叠加则会削弱信号幅度。这样，接收信号的幅度将会发生急剧变化，就会产生衰落（见图5-12）。

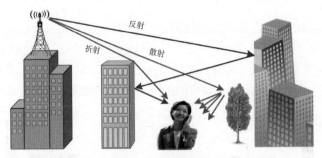

图5-12 多径衰弱

二、大功率对讲系统

在运营商网络瘫痪的情况下，可以通过大功率对讲系统自组网络，将抢修现场的多部数字对讲终端进行组网，实现10~20km半径范围内的对讲通信。一个基站可以覆盖多达50个数字对讲终端，并且可以通过基站之间互联互通，实现覆盖更大范围的对讲通信。

大功率对讲系统具有高品质数字话音、频率利率高、数传能力强、用户容量大、大区制组网、设备成本低、系统建设和维护成本低等优势。数字处理可过滤噪声并从有损的传输中重新构造信号，使用户在有效的通信范围内，能获得更清晰的话音；在相同条件下（如发射功率、天线高度、地形等），可接受语音质量的覆盖范围比模拟系统更广阔。大功率对讲系统频谱利用率相比模拟 MPT 系统提高了2倍，解决了客户扩展无线通信需求的频率资源瓶颈问题。大功率对讲系统采用大区制的覆盖技术，以较少数量的基站即可满足一个城市的集群信号覆盖，为客户节省大量的基础设施投入，建网后的运行维护成本和维护工作量大大降低。大功率对讲系统除了提供单呼、组呼等基本语音业务，以及短消息、状态信息等基本数据业务外，还具备了更丰富的调度功能，如 GPS 定位、电话接入等，能够满足专用通信行业的调度业务二次开发的需求。

本节介绍一种新型数字无线通信系统。数字常规同频同播无线通信技术，提高地面覆盖效果，最大限度地减少工作范围的信号盲点，

电网企业应急救援装备使用技术

可以提供任意密集度基站建设技术，系统提供平滑过网控制技术，跨基站同播功能，基站密集建站，不影响任何跨基站呼叫、过网漫游等功能。在任意扩容能力以及密集建站技术的支持下，系统建设可不断强化覆盖。

Elution数字常规同频同播系统（见图5-13）遵从ETSI1 DMR2 Tier 23标准。该标准是通过其支持成员认可的国际公认标准。Elution数字常规同频同播系统能与其他遵从ETSI DMR Tier 2标准的解决方案实现互操作。合理化的投资，不影响后续采购的选择性。

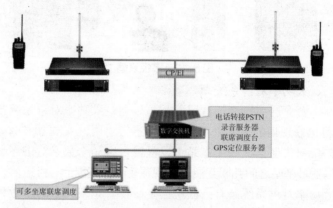

图5-13　Elution数字常规同频同播系统网络结构组成示意图

系统具有先进而完善的管理终端。可利用计算机辅助管理，采用全中文操作界面，界面友好，易于操作，方便管理人员对系统及设备实施维护和管理，并实现编程及维护操作。

系统设备采用成熟的技术并已在市场上广泛使用，适应工作发展需要。同时为了保证系统的先进性，充分考虑科学技术的迅猛发展趋势，系统采用数字双时隙TDMA通信技术。

系统可根据用户实际需求灵活进行系统、基站扩容，同时具备二次开发功能。充分认识目前通信技术数字化发展的必然性。

系统能够实现各项安全技术指标：

网络安全：系统符合国家无线电管理局相关要求；

信息安全：系统能够严格按照采购方要求设置用户使用权限；

传输安全：系统信息的传输能够防止各种非法提取或篡改；

存储安全：系统能够保证重要数据的备份；

设备安全：系统为先进成熟的市场主流产品，安全可靠，保证系统不间断运行，并具有故障检测、故障弱化、系统恢复等功能；

系统终端产品具备耐用性和可靠性，符合美国军标810C、 D、E 和 F ；

本质安全性：符合 IP57 标准，水下 1m 处可停留 30min ；

施工安全：系统建设严格执行国家安全生产相关规定。

一台常规转信台覆盖面积不足时，需要组建多个常规转信台的同频同播系统覆盖网。 Elution 常规同播系统网最大特点是彻底摆脱了延时调整工程工作，无论是无线还是有线链路的常规同播系统网，全部是系统内部技术自动修正同播各种技术参数，工程安装后即可投入运行，同时提供了先进的技术稳定性，同播音质好，低噪声小。

本系统采用有线联网方式，组建一个统一、先进、实用的 DMR全数字化调度常规同播通信网，具备大区覆盖通信工作需要能力，同时具备完善的全网监控、管理、遥控维护工作能力，确保整体网络掌控自如，随时可进入突发通信应急战斗工作状态。全部同播基站配置独立的链路设备，要求链路 E1 电信线路，或 IP 网络。本网络配置数字汇接交换机，采用有线 E1 或 IP 链路，与网内各常规同播基站实现有线联网。 IP 网络作为同播系统链路条件时，最大的不可控因素是 IP 分组交换的时间不一致性，维德全数字处理交换机技术，支持采用 IP 网络作为同频同播链路，提供最简练的成本低廉的链路条件。在同一个无线网络内， E1 形式的链路、 IP 形式的链路混合使用情况下，仍然可以实现精确的同频同播。有线链路联网时，将每个基站用 E1 口或 IP 口汇接到指挥中心的数字交换机，经过中央判选系统分析处理后，联通所有同播基站，实现同播功能。在分散承担系统控制的过程中，各个分开的基站，自动地辨别并承担起中心控制的作用，不同的通信方向、不同的呼叫、不同的功能目标，由不同的基站自动辨别控制，形成自组运行系统。有线自组网，是在硬件工程完成后，各个基站按照系统配置自动承担各自的控制以及承担对全系统控制的工作目的。

系统采用 IPV4 架构，预留网络接口，具备平滑的扩容能力，能够满足系统未来扩容和发展的需要。

Elution 数字常规同频同播无线通信技术，解决过网漫游困难问题同频同播方式是 Elution 数字常规同频同播无线通信系统应用解决方案的重要特点，这一特点彻底解决了移动台跨站平滑过网问题，实现了不间断通信。

Elution 数字常规同频同播无线通信系统采用硬交换技术，提高系统稳定性采用自主研发的数字汇接交换平台，采用 PCM 硬交换方式，分散控制，不同于服务器分组交换方式，避免了网络病毒影响，提高了系统稳定性。自动音频延时调整，提高同频同播效果。

Elution 数字常规同频同播无线通信系统信道机的发射频率误差不大于1Hz，以确保同频同播效果。同时提供全自动音频延时调整技术，免除人为调试工作。系统具备故障弱化功能，常规同播网络中任意一个基站停电或任何形式的故障，只影响本基站的覆盖效果，不影响整体网络其他基站的联网通畅。

Elution 数字同频同播无线通信系统功能有以下几个方面。

1. 系统数字语音功能

（1）组呼。通过数字组呼，通话组可以共享一个信道，而不会干扰其他对讲机用户。组呼的基本条件是发射端和接收端的对讲机都必须在同一个逻辑信道（频率和时隙）上，不同通话组的两个对讲机用户即使在同一个逻辑信道（频率和时隙）上，也不能相互通话。

通常，需要相互通信的对讲机用户组成一个通话组，被配置为该通话组的成员。

（2）私密呼叫。通过私密呼叫，对讲机用户可以直接与另一位对讲机用户进行通信，而不论其是否属于同一个通话组列表。

通过私密呼叫，可以在发射端和接收端的对讲机之间，进行一对一通信。

呼叫人可以通过私密呼叫，私密地向特定管理者提示某个安全意外事件，而不是发起组呼，使全组成员都知道。

（3）全部呼叫。通过全部呼叫，某个特权对讲机可以与同一个逻辑信道上的其他对讲机用户进行单向通话。

发射端对讲机利用一个特殊的全部呼叫通话组，使得在同一个逻辑信道上的所有其他对讲机用户（不论其属于哪个通话组）都能接收到该通信。

这个功能特别适用于主管与在同一个逻辑信道（频率和时隙）上的所有对讲机，而不是单独的通话组或用户进行通信。

全部呼叫采用专用的 ID（预留）：16777215。

2. 系统数字信令功能

在成帧过程中，经语音编码的语音信号被格式化，然后送去发射。在这个过程中，要对语音信号及任何嵌入的信令信息进行编排。

数字信令功能可以通过网络发送特殊的报文包。数字信令功能包括，遥毙对讲机、远程监控、检查对讲机、呼叫提示和数字紧急呼叫等。

（1）PTTID 和别名。通过客户端软件（CPS）或前面板进行编程时，屏幕将显示一个简单明了的"名称"。这样，目标对讲机就可以识别呼叫发起方。

（2）遥毙对讲机。通常，主管对讲机可利用该功能，通过无线信令，遥毙另一台对讲机。遥毙的对讲机的屏幕将显示空白，并且不能发起或接听呼叫。

只能通过客户端软件（CPS）或另一台主管对讲机发出的对讲机解遥毙命令，启用被遥毙的对讲机。

利用该功能，可以阻止任何不当使用对讲机，或使被窃对讲机无法工作。

（3）远程监控。远端用户可以利用这个功能，在一段时间内激活目标对讲机的麦克风和发射机，从而不知不觉地在目标对讲机上建立呼叫，并远程控制其 PTT 功能，而最终用户对此却一无所知。

该功能主要用于探明已开机但无响应的目标对讲机的状态，包括诸如对讲机被窃、对讲机用户不会使用等情况，或者允许紧急呼叫发起方在紧急状况下进行免提通信。

（4）检查对讲机。利用这个功能，发起方对讲机可以检查系统中的目标对讲机是否处于激活状态，而其用户不会知道。除了繁忙 LED 指示灯，发射 LED 指示灯也会点亮（以表明发送了确认消息）。目标对讲机上不会出现可以看见或听见的指示，目标对讲机将不知不觉地自动向发起方对讲机发送一条确认消息。

如果对讲机用户无响应，那么，可以借助检查对讲机功能，确定目标对讲机是否开机并监控信道。如果目标对讲机发出了确认消息，那么，发起方可以执行其他操作，如发出远程监控命令，激活目标对讲机的 PTT。

（5）呼叫提示。利用该功能，发起方对讲机基本上可以确保呼叫到另一位对讲机用户。

当目标对讲机收到呼叫提示命令后，将发出持续的视听提示，并显示该呼叫提示的发起方。

如果当呼叫提示屏幕处于激活状态时，目标对讲机用户按下了 PTT 键，那么，目标对讲机会向该呼叫提示的发起方发起私密呼叫。

对于车载台，该功能常常与喇叭和车灯结合使用。当用户不在车内时，呼叫提示可以使车辆的喇叭鸣叫、车灯闪烁，从而告知用户返回车辆，呼叫发起方。

（6）数字紧急呼叫。对讲机允许处于危急状况的对讲机用户，向系统中的主管对讲机发送经确认的紧急报警消息和紧急呼叫。紧急报警消息包含了发起方的对讲机 ID。

可以指定专用于紧急状况的回复信道。

发起紧急报警和紧急呼叫的方法有三种：仅发起紧急报警；发起紧急报警和紧急呼叫；发起紧急报警并继而发送语音信号。

通过客户端软件（CPS），可以配置 4 种报警类型：遥毙、定期、静默、静默带语音。

扫描：

系统支持扫描：

模拟语音信号；

数字语音信号；

通过中继台或直接从另一台对讲机发出的数字信令。

系统还支持：

通话组扫描：监视哪个通话组（在特定信道 / 时隙上）在使用特定信道。

信道扫描：监视列表所列系统中的不同信道。

漫游同播： Elution 数字常规同频同播无线通信系统支持网内终端漫游功能（无须对讲机自身具备基站漫游判选功能）。

三、无人机应急通信勘查终端

目前，国网浙江省电力公司已经建立了以应急卫星通信车为载体的移动式应急通信系统，在突发事件情况下，实现了应急指挥中心、前线应急指挥部、应急通信车载站、便携站一体化灵活通信。该应急通信系统的主要作用在于为后方应急指挥提供灾害现场的音视频信息交互，保障在突发事件情况下的电力抢险救灾的应急通信。然而，当前应急通信车终端覆盖视野为陆地平面式，对于灾害现场高处、危险受灾区域勘察则无能为力。因此，为进一步提升公司应急通信系统的装备水平，提高省信通公司在多种突发事件情况下的应急处置能力，装备应急卫星通信无人机通信系统，增加立体式现场信息采集手段。

无人机作为一种"飞行单兵"，深入受灾现场，对于应急队员无法到达的区域进行实时航拍，如铁塔上端、输电线路、涉水区域等，将图像传回地面控制终端，应急卫星车开通应急卫星通道将地面控制终端实时图像回传至应急指挥中心，无人机终端与应急通信车通过高清 HDMI 或 VGA 接口进行连接，信号进入应急通信车高清视频会议终端系统，传到后方应急指挥中心。总体设计方案如图5-14所示。无人机系统组成如图5-15所示。

图5-14 无人机应急通信终端总体设计方案

本节以大疆新一代无人机 Insprie1 （见图5-16）为例介绍。

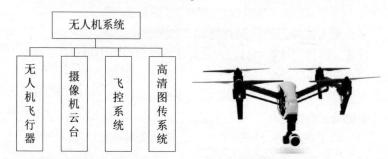

图5-15　无人机系统组成　　图5-16　大疆新一代无人机 Insprie 1

采用最新的四旋翼航拍一体机，无人机系统 Inspire1，属于业界最新技术成果（见图5-17）。

图5-17　大疆 Insprie1

特点及功能：一体化的飞行平台设计，摆脱沉重的设备，烦琐的安装维护，低效的相机设置，模糊的画面。

主要功能如下。

（1）标配4K 相机：高性能相机，可拍摄4K 视频和最高1200万像素静态照片。支持多张连拍，最高支持7张连拍，并支持 Adobe Dng Raw 格式。

（2）实时高清画质享受：Inspire1内置新一代 Light bridge 高清视频传输系统，其视频传输距离可达2km，实时的高清图传，再不会错过任何一个拍摄机会（见图5-18）。

（3）专业定制遥控器：标配功能强大的遥控器。包括专用拍照和视频录制按钮、云台俯仰控制拨轮、内置高容量可充电电池等，使得飞行控制更加简单直观。遥控器有 HDMI 和 USB 两种视频输出接口，供连接移动设备、其他高清显示设备（见图5-19）。

图5-18　无线高清视频传输

（4）机身变形设计：机身变形收起起落架，相机视角更广阔（见图5-20）。

图5-19　视频输出接口

图5-20　机身变形设计

（5）可拆式云台：方便运输时取下云台，并可支持升级 DJI 其他新设备。

（6）视觉定位系统：DJI 最新的视觉定位系统，采用特别定制的相机以及超声波技术，即使是在室内无 GPS 信号的情况下也能实现定高定位悬停（见图5-21）。

（7）全功能 App：免费下载功能强大的移动设备 App，可实时监视飞行参数和状态，相机和飞行参数可以随时设置（见图5-22）。

图5-21　相机

图5-22　全功能 App

（8）自主起降、智能返航：一键起飞和降落，让飞行变得简单而安全，起飞后脚架会自动升起，可以随时准备拍摄。一键智能返航，使返航更为轻松。在 GPS 信号足够好时，启动智能返航功能，Inspire1会自动返回返航点，返航过程中仍可调整飞行器的回航路径以躲避障碍物。

（9）新一代智能电池：Inspire1 标配大容量智能电池，内置智能电池管理系统，为电池提供更好的保护。在飞行过程中，智能 App 上会实时显示剩余的电池电量，系统会自动分析并计算返航和降落所需的电量和时间，免除时刻担忧电量不足的困扰。智能电池会显示每块电芯的电压，总充放电次数以及整块电池的健康状态等。所有这一切可以更好地为飞行保驾护航，飞行时间可达18min。

四、无线单兵系统

无线单兵系统作为应急指挥车的终端诞生，应急基干队员可以背负无线单兵系统，深入到灾害现场内部，将音视频数据信号回传到应急指挥车，应急指挥车再将信号转发至后方应急指挥中心。深入半径可以覆盖2km 范围，并且还可以中继进行更大范围的通信。

无线单兵系统采用了 OFDM 调制解调、迭代接收、非对称组网等多项先进技术和多级信息安全策略，支持多终端 TDMA 接入，组网方式灵活、终端接入快、频谱利用率高、数据吞吐量大、抗干扰能力强、安全性高，支持高速移动和非视距条件下的应用，支持语音、图像、数据等 IP 业务，支持终端同频多级中继，适合城市、山地、海面等复杂环境下的机动应用。

设备结构件均采用铝材压铸成型，产品精度高、稳定性好、抗震性好。整机主要分为三个部分：壳体、壳盖和电池盒，壳体与壳盖由4个螺钉固定，主体与电池盒由两个侧面两个拉锁扣固定，方便装配、拆卸，更换电池，充电。所有外露零部件按照 IEC529 外包保护等级标准设计、安装。壳体与壳盖，壳体与电池盒配合面垫有防水密封圈，能力达 IP65 级。整机结构合理，装配方便，工艺性好。

系统可广泛应用于公安、消防、武警、电力、水利、石油、军事等行业的应急通信、指挥调度、无线监控、野外作业、海上作业等方面。

一般单兵系统主体由两大部分组成：图传中心控制器（见图5-23、表5-2）和背负终端（见图5-24、表5-3）。

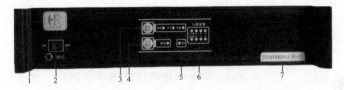

图5-23　单兵无线图传中心控制器设备面板图

表5-2　箱体式无线图传中心控制器设备面板信息

序号	名称	序号	名称
1	设备天线接口	5	音频输出 BNC 接口
2	GPS 天线接口	6	RS232接口
3	视频输出 BNC 接口	7	箱体式中心站以太网接口
4	音频输入 BNC 接口		

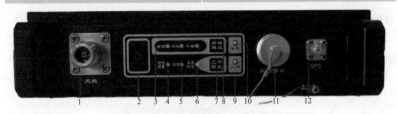

图5-24　单兵背负设备面板图

表5-3　单兵背负设备面板信息

序号	名称	序号	名称
1	设备天线接口	7	工作模式按钮
2	设备电源按钮	8	路由模式按钮
3	路由模式指示灯	9	入网状态指示灯
4	信号质量状态指示灯	10	电源指示灯
5	GPS 状态指示灯	11	数据线接口
6	业务状态指示灯	12	GPS 天线接口

五、海事卫星电话

在所有通信网络瘫痪的情况下，海事卫星电话可以由应急队员携带深入灾区与外界进行点对点通信。通信距离不受地域限制，具有体积小、重量轻、方便携带、使用方便的特点。

海事卫星电话（见图5-25），属于现代最先进的通信技术。我国有一家"卫星通信公司"，简称"卫通"，专营卫星通信业务。现在正在使用的卫星电话分属两个通信公司：一是"海事卫星"通信系统，二是"全球星"通信系统，这两个公司相互独立。

图5-25　海事卫星电话

卫星通信公司的工作原理，是在天空同步卫星轨道设置若干颗通信转播卫星，转播手持机通信信号，这个有点类似于地面移动通信的转发基站，但是优点在于基站在天上，几乎不受干扰，所以卫星通信公司现在宣称：只要你站的位置能够看见太阳和月亮，我就能保证你通信没有盲区，随时通信。而现在，大家都知道，我国的移动和联通，包括全世界所有国家的民用移动通信系统，都不敢保证绝无通信盲区，我们的移动公司在中国因为起步较早，盲区少一些，现在也只敢说全中国97%以上网络覆盖。而卫星通信，则可以保证绝无盲区，这个就是卫星电话的优势。

六、运营商对讲系统

天翼无线对讲系统应用于抢修现场，是基于电信网络较于其他网络具有较高的可靠性。抢修区域内部、抢修区域之间，并且与异地指挥中心可以方便实现对讲，作为常规的对讲通信手段，其通信距离不受限制，只要有中国电信3G信号的地方就能实现对讲功能，相比传统集群对讲，它具有覆盖范围广，呼叫建立延时小，投资少等优点。

天翼对讲，又叫"手机对讲"，是中国电信天翼对讲业务基于中国电信广覆盖，大容量的移动通信网络和电信级的业务管理平台，利用Qchat技术，通过带有PTT功能的专业手机终端，为客户提供移动通信网络覆盖范围内的半双工PTT业务。中国电信天翼对讲机如图5-26所示。

天翼对讲系统可以实现组呼、单呼、广播呼叫、预占优先呼叫、集群紧急呼叫、集群呼叫前转、终端状态查询、遇忙来电提示、讲话方号码显示限制、岗位号码、跨集团呼叫、调度区域选择、迟后加入、通话状态提示、讲话方号码显示、群组号码显示、集群漫游功能、高级集团等功能。功能特点：一按即可通，手机变成对讲机，呼叫接续快，支持单呼和组呼。一呼能百应，群组内用户容量大，群组呼叫，适用于现场指挥、现场协调的工作场景。跨域可联动，不受地域、距离限制，可实现远程的实时调度。发言可管理，可实现分权限强行插入发言，优先下达紧急指令。组网门槛低，依托中国电信移动通信网络，相对于传统的专业800M集群通信方式，可以降低建网投资和终端费用。

图5-26　中国电信天翼对讲机

第六章

高处救援装备

第一节　绳　　索

UIAA 指的是国际登山的权威机构，英文全称为 Union Internationaledes Associationsd' Alpinisme。 EN12492 是欧洲联盟（CE）户外装备的标准， UIAA 的相应标准（UIAAStandard106）是在参照 CE 标准的基础上制定的，但比 CE 的标准更为严格一些。

绳索按用途不同分为动力绳、静力绳和辅绳。

一、动力绳

动力绳在作业现场，可以为作业者提供动态保护，绳子在受力后可以靠自身的延展减少对攀登者的冲击。一般动力绳颜色较鲜艳，多以彩色为主，手感较柔弹性较大（见图6-1）。

UIAA 标准对动力绳的要求： 延展性≤10%，首次冲坠冲击

图6-1　动力绳

≤12kN （测试负荷80kg），冲坠次数≥5。动力绳（主绳）是整个攀岩保护系统的核心， UIAA 标准的动力绳设计标准： 使一个80kg的攀爬者在冲坠系数为2时脱落，对自身所产生的冲击力不超过12kN （人体的受力极限，实验表面人体可以在短时间内承受12kN 的冲击力），而实现这个目的是靠主绳的弹性来完成的，像蹦极绳一样的动力绳能够吸收突然的冲力。

二、静力绳

静力绳相反，由于材质基本没有弹性，多用在一些静态操作中，如下降、探洞等。UIAA 标准对静力绳的要求：延展性≤5%，冲击力≤6kN，冲坠次数≥5（坠落系数1），无绳结拉力大于等于22kN，有绳结拉力≥15kN（3min）。一般静力绳颜色为黑白两色，手感较硬弹性较小，同动力绳相反（见图6-2）。

图6-2　静力绳

三、辅绳

辅绳则是辅助攀登用的绳子，多用来制作保护站、抓结、备份保护点等。直径多为5~8mm。UIAA 标准对辅绳的要求：直径5mm 的辅绳最小拉力为5kN。一般辅绳颜色也比较鲜艳，多以彩色为主，手感柔软（见图6-3）。

不管是动力绳、静力绳还是辅绳都是由绳皮和内芯组成的，均由尼龙纤维制成。

大多数的重量和冲坠都由绳子的内芯来承担，但绳子的耐磨性主要靠绳子的表皮。表皮的细毛可以在多次磨损中保护内芯的纤维，当绳子表皮出线轻度起毛时，不用担心它的安全性，但表皮破损应报废处理。绳芯如图6-4所示。

图6-3　辅绳

图6-4　绳芯

使用绳索时要注意以下几点。

（1）救生绳索必须通过 UIAA 或 CE 认证。

（2）使用前要检查绳索，确认绳索完好无损坏。

（3）使用中不踩踏绳索，不接触锐利物品，不接触高温、酸碱化学品。

（4）绳索不能转借他人使用，不能用于拖车、吊重物等。

（5）不购买使用二手绳索。

（6）发现绳皮破损，鼓包、严重起毛等现象时，绳索闲置超过5年，应报废。

（7）绳子使用完后应检查盘好，存放于阴凉干燥处。

第二节　攀登器材

攀登器材一般可分为升降类器材、锁具类器材、其他类器材等。攀登器材大部分都由铝合金制成，日常不得在潮湿、寒冷、高温条件下保存，并碰触各类化学物品，使用当中高处（3m及以上）掉落到岩石等坚硬物体表面的锁具，器械内部可能已产生微细的裂缝，切勿再用；不要使用来历不明的器材。

一、升降类器材

目前，我们经常见到的升降类保护器主要有三类，即8字环类、ATC类、机械制动类。

1. 字环类保护器

8字环类保护器是攀登者发明的第一代保护器。它的特点是结构简单，操作方法简便。它对绳索直径的要求为8~13mm。绳索的适用范围相对比较大，所以8字环的应用范围非常广泛，可用于登山、攀岩、溪降、救援、工程等方面。

不同厂家生产的8字环在外形上也有所差别，如图6-5所示，最原始的是正圆形8字环，由于在使用中，正圆形容易使绳索扭曲缠绕，所以为了弥补缺憾，有些厂家对8字环的形状进行了相应的改进。Huit的四方形状设计，可避免绳子卷曲缠绕而难以操作；Huit Antibrulure上有一个小把手，当绳索摩擦使其发烫时，捏住小把手可防止手被烫伤。

另外，由于8字环的制动性能不是很灵敏，又产生了具有多个制停位置的 Pirana，在用于下降使用中，其制动性能得到了改善。

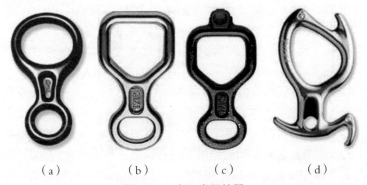

（a） （b） （c） （d）

图6-5 8字环类保护器

（a）正圆8字环；（b）Huit；（c）Huit Antibrulure；（d）Pirana

8字环类保护器的优点是：厚实耐磨，对于较硬的绳索也能很好地配合。缺点是：略显得笨重些，且与其他保护器相比制动锁定性能略差一些。适合于快速保护操作及快速下降时使用。

2. ATC类保护器

ATC 类保护器在使用时，送绳和收绳都非常流畅，绳索不容易产生卷曲缠绕，操作方法简单，可用于单绳或双绳，且制动性优于8字环类保护器，所以深受攀登者的喜欢。如今各式各样的 ATC 类保护器琳琅满目。并且不同厂家的产品，其使用功能也略有区别，所以使用前一定要认真查看产品说明书。

目前，国内常见的 ATC 类保护器有 ATC， ATCXP， ATCguide，REVERSO， REVERSINO 等。如图6-6所示。

（a） （b） （c） （d） （e）

图6-6 ATC 类保护器

（a）ATC；（b）ATC XP；（c）ATC guide；
（d）REVERSO；（e）REVERSINO

其中，ATC 适用于绳索直径为 8.5~11mm。ATCXP 是 ATC 的改进版，可通过改变绳索方向来改变制动端的摩擦力，适合 8.1~11mm 直径的绳索。ATCguide 的性能类似于 REVERSO，是一款具有自我制停功能的保护器，通过改变绳索方向可以适合于 7.7~11mm 的绳索。

REVERSO 及 REVERSINO 是在 ATC 的基础上进行了大量的改进。除了基本保护工作方式外，它最主要的是增加了自我制停工作模式，当攀登者坠落时，利用攀登者对绳索的拉力来压住 REVERSO 上绳索的自由端，起到制动的作用。还可以通过改变穿绳方向或主锁配合方式来改变摩擦力，以便于控制。REVERSO 适用的绳索直径为 8~11mm，REVERSINO 适用的绳索直径为 7.5~8.2mm。

由于 ATC 类保护器的制动性能优于 8 字环类保护器，所以被广泛地应用于攀岩、攀冰保护。

3. 机械制动类保护器

GRIGRI 是一款具有机械制动结构的保护器，如图 6-7 所示。它

用于单绳的攀登保护和下降，其适用的绳索直径均为 10~11mm。它最大的优点是具有自动制停系统，它的设计完全从安全性出发，很大程度地提高了操作的安全性。

与 8 字环类和 ATC 类保护器相比，机械制动保护器的操作略复杂一些。对绳索的安装方向有严格的要

图6-7 GRIGRI

求，分为攀登端和制动端。当攀登端突然被拉紧时，凸轮会迅速转动并卡住绳索而制停。关于绳索的收放操作也有一定的要求，在保护操作时，制动端的绳索始终都要用手握住，严禁松开。下降时的速度，是通过操作扳把儿和握住制动端绳索的手共同控制。

4. 专用下降器

攀登保护器除了保护以外也能用于下降。除此之外，还有一类专门用于下降的下降器，这类下降器只针对于下降使用，一般不用于攀登保护。由于只针对于下降，所以这类下降器的下降及锁定功能比较

优越。

常见的专用下降器主要有 STOP、 SIMPLE、 RACK 等，如图6-8
所示。

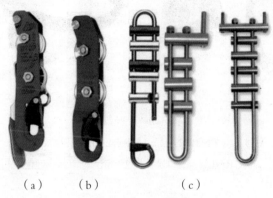

（a）　　　　（b）　　　　　　　（c）

图6-8　专用下降器

（a）STOP ;（b）SIMPLE ;（c）RACK

STOP 用于单绳下降使用，具有操作把手，当放开把手时，自动
制停系统即会运作。适当握住把手，并拉住绳尾，便可控制下降速
度。 STOP 要求绳索直径均在 9~12mm 之间。

SIMPLE 用于单绳下降，用手拉住绳尾便可控制下降速度，在狭
窄的沟壑里使用最适合。 SIMPLE 要求绳索直径在 9~12mm 之间。

RACK 可用于单绳或双绳下降，能根据绳索及重荷的情况来调节
速度。摩擦力平均，有利于保护绳索，下降时绳索不会产生缠绕。
RACK 用于单绳时要求绳索直径在 9~13mm 之间，双绳时要求绳索直
径在 8~11mm 之间。

5. 上升器

上升器主要用于沿绳索上升或提拉重物时使用，上升器根据用途
不同可分为：手柄上升器，胸式上升器，脚踏式上升器，以及多用
途上升器。下面介绍几款上升器（见图6-9）。

手柄上升器 ASCENSION，适用于 8~13mm 固定单绳攀爬。符合
人体工程学的设计，用单手即可安装于绳上，为手部提供最佳的把
手，同时使手腕与拉扯的方向成一直线。弹力橡胶手柄使抓握更舒
适。镀铬钢轮有倾斜的齿爪，可抓紧湿滑、冰雪或泥泞的绳索。手

柄上升器还分为左手型和右手型。

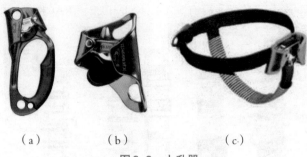

(a)   (b)   (c)

图6-9　上升器

(a) ASCENSION；(b) CROLL；(c) PANTIN

胸式上升器 CROLL，适用于8~13mm 的单绳攀爬。可与手柄上升器配合使用。

脚踏上升器 PANTIN 与 CROLL 和 ASCENSION 上升器同时使用时，可使绳索攀爬变得更容易。使用脚踏在攀爬时保持身体直立，使攀爬更快捷及不那么容易疲倦。脚带有自动上锁扣，容易调节。PANTIN 不是保护设备只用于协助攀绳，用于右脚，适用于8~13mm 直径的单绳。

小型上升器 TIBLOC，体积小巧，便于携带，适用于8~11mm 单绳。可以用于滑轮系统、绳索攀登等。用10mm 或12mm 圆形或椭圆形横切面的上锁安全扣配合使用。下面介绍几种（见图6-10）。

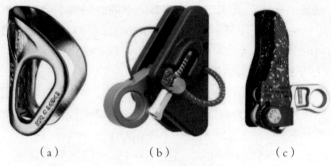

(a)   (b)   (c)

图6-10　小型上升器

(a) TIBLOC；(b) MICROCENDER；(c) SHUNT

上升器 MICROCENDER，适用于9~13mm 单绳。用作自我保护、滑轮系统或拖拉重物。向上移动时易于滑动，而向下则易于制停。

上升保护器 SHUNT，适用于单绳 10~11mm 或双绳 8~11mm。可用于绳索攀登或作为自动制停绳结（抓结）的机械替代装置，可安装在下降器的下方，作为辅助设备使用，下降时一旦松手，即会制停。

二、锁具类器材

锁具，为可自由开合的金属环状物，主要有 O 形锁、D 形锁、梨形锁、快锁等，是另一种多用途、不可或缺的攀登工具，用于确保绳索下降、绳索上升、连接安全、固定可靠等。锁具在使用时要注意：一定要由较长的一边来承受重量，开口处切勿承受任何负荷。应经常检查锁具操作是否平顺。

主锁作为户外运动的一种安全装备，有力地保障了相关人员的生命安全，在攀岩、登山、探洞、速降等户外运动项目中不可或缺。下面为大家介绍主锁的使用以及相关知识。

1. 主锁的性能指标

因为人体能够承受的最大冲击力为 12kN，所以当冲击力传达到主锁上时，最大冲击力为 18kN。因此主锁的纵向关门拉力必须大于 18kN（1kN ≈ 100kgf）。CAMP 主锁 1130.01 其纵向关门拉力为 24kN，已远高于 UIAA（国际登山联合会）及 CE（欧洲安全认证）所规定标准纵向关门拉力大于 18kN 的规定。

主锁上的标记，配主锁说明图：

（1）CAMP 表示品牌（意大利）；

（2）CE 表示经过欧洲安全认证（世界通用）；

（3）OH 表示为可打单环节的 HMS 型主锁；

（4）UIAA 表示经过国际登山联合会认证；

（5）24 表示纵向关门拉力为 24kN（约 2.4t）；

（6）10 表示横向关门拉力为 10kN（约 1t）；

（7）表示纵向开门拉力为 9kN（约 0.9t）。

主锁使用注意事项：

（1）主锁勿与化学药品接触，尽量少地接触泥砂；

（2）当清洗主锁时将其放在低于 40℃ 的温水中清洗，然后自然干燥；

（3）切勿使主锁从高处摔向地面，否则其内部的破坏是肉眼看不到的；

（4）应在干燥、通风处储存，避免与热源接触，不要在潮湿处长期放置；

（5）CAMP 的主锁遵循 CE 及 UIAA 标准，主锁的寿命与其使用状况有关，使用频率及其使用环境均对其寿命有影响。一般来说，主锁的使用率年限不应超过5年；

（6）在清洗后应对锁门边轴处进行润滑，使用中应避免沙粒进入连轴处。

当发生以下现象时，应及时更换主锁：

（1）当磨损处的凹槽超出 1mm 时；

（2）当主锁的锁门不能正常开关时；

（3）当锁门的螺钉扣不能正常关闭及扭开时；

（4）当主锁与化学药品接触后；

（5）当主锁自高处（3m）摔落到坚硬地面后；

（6）当主锁受到强烈冲击后；

（7）当不确定主锁是否能继续使用时，请勿使用。

2. 主锁意外打开的情况

市场上主锁主要有三种：

（1）丝扣锁（screw-on biner）；

（2）Quicklock 主锁（Black Diamond Airlock2 为代表）；

（3）三保险主锁（Petzl triact 为代表）。

丝扣锁大家都很熟，无须多言，只要记着关锁就行。

Quicklock 主锁的开锁动作是：拧（twist），开锁。Quicklock 主锁的好处是锁门自动关闭，不会忘记关锁。

三保险主锁的开锁动作是：上提（push upward），拧（twist），开锁。

丝扣锁和 Quicklock 主锁都可能因为与衣服、安全带、绳子、岩石的摩擦撞击而意外打开。你可以自己做个试验，将丝扣锁与衣服、安全带，或绳子摩擦，你会发现蹭一会儿锁就松了。

Quicklock 主锁在和"拧的动作"类似的作用下，锁门一蹭就开了。

三保险因为其三个动作的开锁原理，使主锁意外打开的可能减少到最低限度。所以三保险主锁最安全，三保险主锁只有三家做：Petzl、 Kong、 DMM，价格也比一般的主锁贵一点。

下面是部分品牌产品的说明：

颜色：金属色。

质量：60g。

类别：铁锁快挂 CARABINERS，QUICKDRAWS（见图6-11）。

用途：登山，攀岩，探洞，救援，工程保护，高空游戏等运动。

特点：纵向拉力20kN，横向拉力7kN，开门拉力6kN。

类别：铁锁快挂 CARABINERS，QUICKDRAWS（见图6-12）。

图6-11 铁锁快挂（1） 图6-12 铁锁快挂(2) 图6-13 铁锁快挂(3)

用途：登山，攀岩，探洞，攀冰，溪降，工程保护，高空游戏等运动。

特点：D 型丝扣主锁。超乎寻常的强度，使其安全性大大增加。纵向拉力28kN，横向拉力7kN，开门拉力8kN，锁门开度21mm。

类别：铁锁快挂 CARABINERS，QUICKDRAWS（见图6-13）。

用途：登山，攀岩，探洞，攀冰，溪降，救援，工程保护，高空游戏等运动。

特点：纵向拉力20kN，横向拉力7kN，开门拉力6kN。

符合 CE 认证，六棱型丝扣顺滑，更易上紧和放松，性价比极高的梨形丝扣铁锁。

第三节 // 其他器材设备

其他器材设备，包括安全头盔、安全带、手套、救援担架等。

一、安全头盔

野外救援时不戴头盔，这样做是十分危险的，一方面，落石的危险始终存在，而且具有不可预知性。另一方面，高处作业有头部着地的危险。曾经有一个攀岩高手在阳朔攀岩，就是因为先锋攀没有戴头盔，头部着地，摔成头骨骨折。虽然不是戴上头盔就能保障我们的绝对安全，但是保护自己的措施再多也不应嫌多，在自身安全上花再多的钱也值得。

登山攀岩为什么要戴登山专用的头盔？

图6-14　安全头盔

在欧美出产的登山专用的头盔都必须通过欧洲联盟（CE）或/和UIAA的标准。在欧洲，欧洲联盟要求所有在市场上销售的头盔通过CE的标准测试。在美国，政府虽然没有相应的强制性规定，但由于市场的竞争和从法律上的考虑，以至事实上所有在美国销售的登山头盔都通过了CE或/和UIAA标准检验。

头盔测试CE和UIAA的标准有以下4项。

（1）正冲击试验：5kg钝头重物（钝头半径5cm）从2m高自由落体，砸到头盔顶部，假人（木头制）颈部承受的冲击力必须小于8kN（UIAA的标准）；必须小于10kN（CE的标准）。一千牛顿约等于100kg力（9.8N=1kgf）。换言之，假人颈部承受的冲击力必须小于800kg力（UIAA的标准），必须小于1000kg力（CE的标准）。

（2）侧冲击试验：与正方向（头顶）呈60°夹角，分别从前方，两个侧方和后方测试，钝头重物从50cm高处自由落体，假人颈部承受的冲击力必须小于8kN（UIAA的标准）；必须小于10kN（CE的标准）。

（3）锐物穿透试验：一个3kg重的锥状体（0.5cm的尖头）从2m高度自由落体，头盔必须承受至少一次这样的冲击。头盔允许被破坏，但不许锐物直接触及头皮。

（4）稳定性试验（也叫前后移位测试）：10kg的重物从前方和后方分别砸在头盔上，头盔必须仍然好好地戴在假人头上（测试时记录下被砸后头盔移动的角度）。请注意测试标准第1条和第2条，这里传感器测的是颈部承受的冲力。说明了不仅要求头盔防冲击，而且还要有吸收动能、减缓冲击的能力，就像动力绳那样。头盔减震的功能旨在尽量减少佩戴者的颈椎和脊椎所受到的冲击。

其次，请注意测试标准第3条，虽说这是一个"通过/失败"一次性的试验，然而一个好的登山头盔可以胜任10次这样的冲击。耐用性在历时较长的高山登顶活动或大岩壁作业中就特别可贵了。不像一般的活动，头盔被砸坏了晚上可以回城里再买个新的。

除了登山攀岩外，骑公路和山地车，轮滑（rollerblading），越野滑雪，等等。应当反对高处救援时凑合使用其他运动项目的头盔。虚假的安全性可能会招致意想不到的后果。自行车和轮滑的头盔至少是通不过登山头盔标准的第3条的。建筑工地上用的安全帽肯定是过不了第四关的。

补充说明：好的专业头盔在受到一定量的冲击后会裂成几瓣，目的就是为了缓解颈部冲击。军用钢盔永远都不会裂开，但是人的脖子会被砸断！

目前，市场上的头盔主要有三种，硬壳，泡沫塑料，混合式。硬壳的是用高强工程塑料或纤维增强高聚物制成，这种头盔好处在于结实耐用，禁得起摔打（装包时不用太担心），缺点是重一些。泡沫塑料并不"软"，这种头盔好处在于轻巧，但不及前者结实。混合式采用一层薄的硬壳内衬是泡沫塑料，其设计原理和使用感觉还是和泡沫塑料头盔比较接近。为了各位的安全，请使用通过欧洲联盟或/和UIAA的标准检验的，登山专用的头盔。

二、安全带

如今攀登者都会使用安全带进行攀爬，安全带已经成为攀登中不可缺少的东西。一般安全带都包含如下设计：加厚加宽的腰部衬垫、腿环、保护环、装备环。有了这些设计后，无论是下降、冲坠还是挂在岩壁上进行其他操作，都会更加舒适和安全。现在安全带也进行了细化：专门用于竞技攀登、大岩壁攀登或者是专门登山的，但是一条真正的优质安全带会涵盖这些需求。

安全带有两种最基本的设计：全身式安全带（见图6-15）和坐式安全带（见图6-16）。全身式安全带受力时，受力方向垂直于地面，竖直向上，可以将拉力均匀地分散到腿、胸、背。这是它的优点，它的缺点是如果冲坠过于猛烈，它会不断地转动，使攀爬者眩晕而且有可能会使脖子受伤。全身式安全带因为价格昂贵、穿脱不方便等缺点已逐渐退出攀岩登山舞台，而运用在工业或者是拓展活动中。现在坐式安全带的应用趋于广泛，因为坐式安全带配上胸式安全带就可以达到全身式安全带的效果，胸式安全带又可以使用长扁带代替。如果是在登山过程中，背包的两根背带也可以代替长扁带的功能。

图6-15　全身式安全带　　　　图6-16　坐式安全带

坐式安全带也有两种设计：一种叫"尿布式"（从两腿间穿过最后与腰带连接），另一种叫"Swami"。

为了让两个腿环能够起作用，穿尿布式安全带要从两腿间将带子提起和腰带相连，现在这种安全带逐渐从欧美市场消失。原因一：在岩壁上挂着时，这种安全带很不舒服；原因二：没有保护环，需要额外加铁锁；原因三：受力集中，不能很好地分散拉力；原因四：受力点分散，冲坠时，对腿和腰会产生伤害。现在这种样式的安全带做了一些改良，专门用在登山中。

Swami式是现在市场中最流行的安全带设计。1967年由Trailwise设计，一年后由Forrest推出，虽后来经过多次改进，但安全带最核心的设计依然没有改变。购买安全带时，腰带设计应该是需要考虑的重要因素，毕竟上百次的冲坠对腰部会产生很大的拉力。一款好的 Swami 式安全带，腰带的背部大都设计 8~11cm 宽，腰带的前部 4~5cm 宽，这样能够给攀登或休息提供最大程度的舒适和安全。腰带的背部不是越宽越好，事实上背部 8cm 宽，但是设计良好，远比背部 13cm 宽，但设计糟糕的安全带更能起到保护腰部的效果。

腿环可以分为不可调节式、半调节式与完全调节式三种。安全带背面与腿环都用一种带弹性的材料进行了连接。不可调节式设计简洁、质量轻便，适合竞技攀登。现在更多的人喜欢可调节式的安全带。半调节式安全带的调节范围在 8cm 左右，尽管穿戴时有些费劲，但是穿整齐后会感觉非常舒服，而且便于行动，它适合绝大多数人。完全调节式可调节范围大约在 15cm 甚至更多，所以一年中任何时间都能满足你的需要，而且不需考虑穿着。好的可调节式安全带穿戴也是很舒适的，缺点是有一点重。

无论选择哪一种款式，腿环的宽度在 6~8cm 是最舒适的，尤其是体重较大的攀登者。宽度小于 5cm 的腿环在长时间地攀爬后，会使攀登者感到腿环细得像一根电线一样，很不舒服。安全带的平均质量在 85~310g，差别不是很大，除非你是进行极限攀登，否则安全带的质量穿在身上是感觉不出来的。

三、手套

（1）好的户外手套面料当然首选采用了 GORE-TEX 防水透气材料制成，具有防水、透湿功能，能够始终保持手套表里的干爽，夹里抓绒材料也应具有非常好的柔软性、透气性和保暖功能并经过抗起球处理，当然面料还应具备非常好的抗撕裂性能。

（2）手套掌部应该全衬防滑耐磨的防滑胶粒革材料或者真皮材料，能增加摩擦力和附着力。手套应该伸缩自如并紧贴手部让手指运用自如，能增加摩擦力附着力。手指弯曲处采用织物面料，符合人体工程学的手指部弯曲设计，这样的设计增强了手指的灵活性，同时也具备了透气功能。

（3）手套腕部应有弹性收紧设计和使用专业防水拉链（有拉链设计的手套），手套腕口部还应加长设计。这样既能防止异物和雪粒进入手套，同时也增强手套的防风保暖性能。

（4）户外手套为了适应户外活动的特性应该在腕部设计有扣件和挂绳，方便手套的脱、戴，也能够减少手套遗失的概率。在实际户外活动中由于太厚的手套不利于旅途中的行动也不利于操作相机，太薄又不能保暖，可穿抓绒的冲锋衣一样里层的抓绒手套可取出单独戴，使用起来非常的方便和舒适，能够适应四季和不同环境使用。因为棉纤维干燥比很低，所以在户外活动中使用纯棉手套是不可取的。另外，手套面料还应该具备一定的耐热性能，以防止旅途中埋锅造饭时端取餐具、炉具时不至于会烤焦手套。

四、救援担架

高处救援一般使用船式担架（见图6-17）

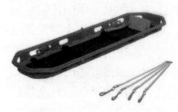

图6-17　船式担架

船式担架的特点如下。

（1）此担架的结构着眼于急救的广泛性、灵活性和特殊性，如崎岖的山区、空中或海上救援。

（2）框架坚固耐用，简便可靠的装置让操作人员能够安全快捷地采取急救措施。

（3）悬钩能与飞机上挂钩连接，实现野外救援。

（4）担架配有可调节的腿部安全机械装置、安全带等。

（5）材质采用无毒无污染释放的材料。具有防火和耐磨损和防侵蚀的功能。

（6）可将担架拆分成两个部分，从而便于携带。

 第四节 高处逃生器材

一、救生软梯

救生软梯是一种用于从高处营救和撤离火场被困人员的移动式梯子，可收藏在包装袋内，在楼房建筑物发生火灾或意外事故时，楼梯通道被封闭的危急情况下，是进行救生用的有效工具（见图6-18）。

一般的救生软梯主梯用绳为直径14mm，如用2.6mm航空级钢丝包芯，可以起到防火的作用。软梯一般长15m，质量小于15kg，荷载1000kg，每节梯登荷载150kg，最多可载8人。

图6-18　救生软梯

使用救生软梯时，根据楼层高度和实际需要选择主梯或加挂副梯。将窗户打开后，把挂钩安放在窗台上，同时要把两只安全钩挂在附近牢固的物体上，然后将软梯向窗外垂放，即可使用。

二、救生气垫

1. 概述

救生气垫，又称安全气垫，是一种高空逃生的救生设备。材质采用具有阻燃性能的高强纤维材料制成，具有阻燃、耐磨、耐老化、折叠方便、使用寿命长等特点，且充气时间短，缓冲效果显著。

常用救生气垫有两种：普通型和气柱型（见图6-19），主要区别在于内部的充气方式。普通型是采用风机向整个气垫内充气，而气柱型是采用气瓶向气垫内的气柱充气，气柱内充满空气后支撑起整个气垫。相比于普通型，气柱型气垫在受瞬间冲击后稳定性更优，避免造成高处坠落人员落入气垫后的二次事故。

（a）　　　　　　　　　　　（b）

图6-19　救生气垫

（a）普通型；（b）气柱型

2. 结构性能

（1）缓冲气包：在气垫受冲击时，垫内气体进入缓冲气包内，减少反弹现象。当负荷消失时，缓冲气包内气体进入垫体内，便于重复工作。

（2）安全风门：在气垫受冲压时，缓冲气包无法容纳的气体从安全风门处排出，在气垫完成接救后，可打开风门放气，以便折叠保存。

（3）充气内垫：保证人员下坠后两次缓冲，不直接接触地面，增加气垫接救安全性。

（4）充气风机：该充气风机采用进口发动机，排烟迅速，既可作为气垫充气机，又可作为排烟机，一物多用。

3. 使用及维护

救生气垫作为一款高处逃生装备，一般慎用，尤其是高楼火灾现场，一方面避免诱导跳楼以及未充好气前就使用气垫，另一方面，火灾危急时刻，分秒必争，与其等待给气垫充气，组织扑救火灾更是当务之急。同时救生气垫不做训练演习使用。

使用救生气垫前，首先选定坠落地点，最好在空旷的位置，并且能够垂直落地的位置最佳，避免倾斜的建筑对下跳的人员造成擦伤。跳下时人要以背和屁股朝下，跳到气垫中心。往下跳时最好是一个人跳完后另一个人再跳，避免两个人造成压伤。

保管时注意避免阳光直射，及时清理气垫内的脏物。保管处要保持干燥，不能与发热物放在一起。长时间未使用，需经常检查，妥善保管。使用中气垫弄湿的情况下，要完全干燥时方可保存。

三、救生缓降器

救生缓降器由挂钩（或吊环）、吊带、绳索及速度控制等组成（见图6-20），是一种可使人沿（随）绳（带）缓慢下降的安全营救装置，主要用于高塔、高层建筑在遭受到自然灾害或人为灾害时作应急疏散和逃生使用。可用专用安装器具安装在建筑物窗口、阳台或楼房平顶等处，也可安装在举高消防车上，营救处于危急高处的受难人员。

图6-20　救生缓降器

救生缓降器是一款普及型的高处逃生装备，广泛应用于消防、医院、学校、宾馆、酒店、商场、写字楼、家庭住宅、公共场所等，用于灾害事故时自救、逃生与施救。

1. 特点

（1）下降速度平稳。

（2）落地稳定性好，安全可靠。

（3）下降时缓降承重力强、可供多人使用。

（4）耐高温、耐火阻燃等特点。

2. 使用及维护

使用前将三角支架安装在紧急窗口旁，确定墙体坚固处（高度1.6m 左右）；检查两只连接钩与安全带上的两只半圆环是否牢固，救生包是否位于逃生人员腰部前右侧。将缓降器挂在三角支架上，再套上保险带，保险带将身体扣紧；爬上紧急窗口，确定安全，向下滑；下滑时保持放松，避免紧张。接近地面时，注意刹车减速，确保安全着地；落地后将保险带脱去，迅速离开，以供他人继续使用（见图6-21）。

图6-21　救生缓降器的使用方法

四、智能电动升降器

智能电动升降器（见图6-22）应用于电力高塔的施工检修和应急救援，经过专业培训，可以利用升降器在高塔上下运输工器具仪器设备，可以实现在任意高度停止、自控上升、双手离绳做营救等工作。如在高塔上工作人员发生身体不适需要抢救，地面救援队可以通过该装备自动上升，迅速地到达救援点，带上被困人员一起下降到地面，也可以用遥控器把多功能担架遥控到救援点，把被困

图6-22　智能电动升降器

人员和担架一起锁挂在该产品上遥控安全的下降地面，快速地完成救援工作。该产品的特点就是节省救援人员攀爬30~100m高塔的体力，快速到达救援点，不需要背负被困人员艰难地救援。特别是在夏天高温和冬天0℃以下天气救援时攀爬高塔有一定的难度，如使用该产品则完全做到省时省力，保证救援人员和被困人员的安全。

1. 应用领域

电力高塔，公安消防，水电风电，海事矿井，野外搜救等应急救援。

升降机工作载荷220kg，最大载荷250kg，过载限制318kg。运行上升速度第二节2m/s，下降速度0.4m/s。充满电使用距离350m，无线遥控距离61m，最大可达到120m。充电时间3.5h，噪声符合美国军方标准≤75dB。升降器采用三周环绕设计，单手操作手柄，具有紧急手动下降功能。除主机外，相应的配套操作器材包括静力绳、全身安全带、止坠器、挂环连接器。

2. 使用及维护

使用升降器前应做好个人安全防护，正确穿着安全带，佩戴安全帽。

（1）拉拔释放销并移动控制杆，以移动上下控制杆到正确的位置。

握住操作把手（见图6-23）。此时，掌心对准释放扳机。释放扳机的默认松开位置为制动。扳机松开时对应为制动模式。

图6-23　握住操作把手

（2）掌心发力，按下释放扳机。

慢慢握紧释放扳机，升降器将会随着上下控制杆的不同位置进行对应的升降。

如果升降机反应迟缓，则轻拉升降器底部的绳索，以施加一定的下拉力，使得绞盘能够充分吃力。要停止升降时，仅需松开释放扳机，升降机即可停稳，以开始作业。

如果上升过程中出现电量不足的情况，则仅需切换到下降模式。下降时本装置消耗电量非常少。另外，升降器可以在绳子的任何位置、任何运动方向停住。

智能电动升降器的智能在于它配有无线遥控（见图6-24），发生器和接收器经过 FCC15 条和加拿大工业 RSP-100 认证。 433.92MHz 版经过欧盟 CE 认证。

使用之前先将天线装好。发射器按键控制，双编号，确保遥控上的编号和升降器上的一致，只有对应的才能使用。

发射器有5个按键——开/关、上/下和命令键。开键使发射器和升降器连接，关键则关闭连接。

要上升，需按3s命令键和上升键。

要下降，需按3s命令键和上升键。

上下键的分开设置是为避免上升和下降的误操作。

图6-24　无线遥控

（3）注意事项。

使用前及使用后均需检查活动部件是否对准，是否耦合得当，是否有破损等，以免影响操作。如果有破损，务必在使用升降器前进行维护，禁止在任何零件不处于工作状态下使用。

五、逃生滑道

逃生滑道能有效解决高楼火灾逃生的难题，安全快速。由固定框架及布管两部分组成。固定框架采用高抗腐蚀的304不锈钢材质。布管有三层：内层为高张力抗拉抗撕裂防静电导滑层、中间层隔烟隔热、外层聚酯纤维防火层。

1. 特点

（1）使用简单，无须专门培训，逃生人数多，实现连续逃生。

（2）每隔70cm一个橡胶偏心束环，有效稳定下降速度。

（3）产品每隔70cm有钢圈保护，可避免受墙上突出物碰撞。

（4）入口处帆布罩可免除操作者恐惧感。

（5）四条支撑带支撑力7200kg以上。

（6）使用时布管不会产生滑道布管打转。

（7）施放基座设有省力、减速装置，让施放更顺畅。

2. 结构功能

逃生滑道的逃生布管分为三层布管和两层布管两种：三层布管的外层是防火布，中层抗热辐射、隔烟，内层为导滑，两层布管为防火布和导滑层。每层均能高抗拉力，内层做了抗静电处理，其中的高耐候性橡胶束环具有松紧性，让人的身体经过时产生一定的阻力缓冲，约以 1s ≤ 4m 的速度安全降下。

滑道有4条支撑带，可防止逃生滑道断裂，防止气流致布管打转；不锈钢圈，用于保护逃生者的安全；逃生者以等速缓慢下降，即使有两位逃生者碰撞也不会发生危险，适于连续逃生。

滑道可依建筑物的高度设计滑道长度，适于60m高度以下的任何场所，任何建筑物，若逃生滑道分段安装于建筑室内，则不受高度限制；逃生滑道操作方便，不限使用人数可连续下滑逃生，且老弱妇孺均可使用；逃生时逃生者看不到地面景物，无恐惧感；滑道占地小，使用时不用电力，操作简便，安全系数高。内部结构如图6-25所示。

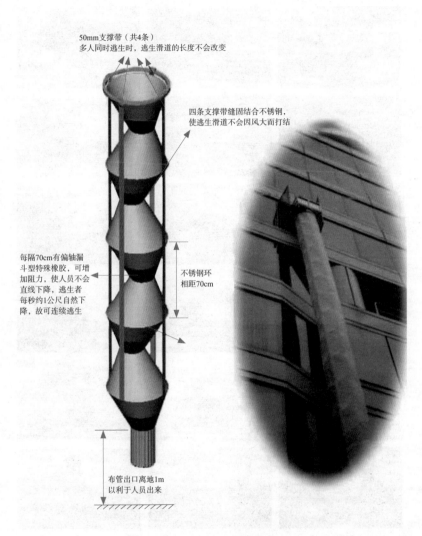

50mm支撑带（共4条）
多人同时逃生时，逃生滑道的长度不会改变

四条支撑带缝固结合不锈钢，
使逃生滑道不会因风大而打结

每隔70cm有偏轴漏斗型特殊橡胶，可增加阻力，使人员不会直线下降，逃生者每秒约1公尺自然下降，故可连续逃生

不锈钢环相距70cm

布管出口离地1m以利于人员出来

图6-25　逃生滑道内部结构图

3. 使用方法

具体安装操作如图6-26所示。

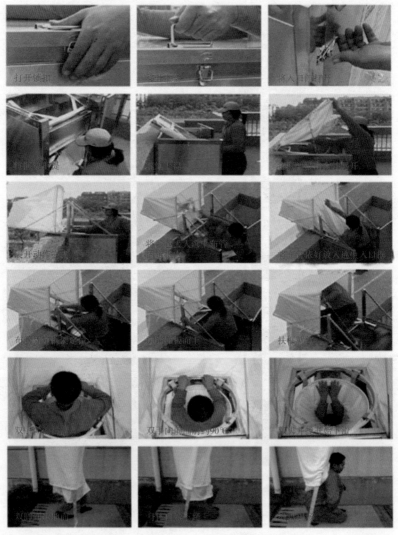

图6-26　操作演示图

控速方法：利用双手、双脚的张开合拢控制下滑速度，若体重过重者被卡住，内缩腹部即可滑下。

在使用滑道逃生过程中，人与人之间的间隔不可少于5m（特殊情况除外）；

不能自理者，以一人在下，拉其双脚帮助滑下；

尽量穿长袖上衣／长裤／上衣扎入裤内，并用束带扎紧；

若有需要协助的小孩，则由大人在下，拉住小孩双脚连贯下滑；

小孩多的场所，地面人员可把滑道布管拉斜，使其似滑梯式帮助缓降；

环保箱盖平时不用时应严密盖紧，避免受潮；

逃生滑道下端出口需有人接应。

4. 注意事项

请勿穿高跟鞋，厚重外衣和携带尖锐物品；

安装地点不可私自迁移；

勿打赤膊，勿穿短裤；

双脚不能伸直者、孕妇勿用。

第七章

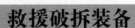

救援破拆装备

自然和人为灾害频发，包括地震、海啸、洪水、断电事故和技术事故。救援破拆装备广泛用于消防救灾、应急抢险、地震救援、高空和复杂地形救援，电力、电信施工，民用建筑拆卸工作等各种施工现场。用于救援时，快速破拆、清除防盗窗栏杆、倒塌建筑钢筋铁塔、窗户栏等障碍物。

破拆装备按动力方式可分为手动破拆工具、电动破拆工具、机动破拆工具、气动破拆工具等。

第一节　手动破拆装备

一、手动液压破拆装备

1. 概述

手动液压破拆装备是由手动泵、剪断器、扩张器和撑顶器组成（见图7-1）。工具通过连接手动泵操作，可解决救援工作中的多种难题。手动泵设计有挂扣，可挂在腰带上，方便单人操作。套装装在一个背包内，轻便、小巧、操作方便。设备动力标配手动泵，并可选配背负式气动泵或电动泵等多种动力源。套装尺寸540mm×370mm×130mm，总重17kg。

图7-1　手动液压破拆装备

2. 操作使用

剪、扩、撑具体设备的选择需根据不同的现场情况，连接前仔细地清洁连接头。将手泵尾部（＋）与所选择的工具（－）连接，循环运动拉开弹簧直到连接头被连接。在需要的情况下，可以使用安全环来保护连接头。顺时针旋转关闭手泵左侧的卸压阀。剪断器：尽最大可能挤压所要剪切的材料，使材料与刀片垂直，然后操作手动泵。扩张器：将工具的头部放置到所要扩张的物体之中，并尽量将扩张器深入到想要扩张的空隙中，操作手动泵需要的情况下，可以将扩张器向前挤压3~4格。液压撑顶器：将扩张臂调整到需要的空间，根据需要设置中空距离，塞入楔子用于固定，然后操作手动泵，手动泵必须使用双手操作或当泵挂在背带上时，出油口必须向下或者处于同一水平线。液压撑顶器的一级扩张距离为35cm，二级扩张距离为61cm。

3. 维护保养

（1）确保只使用液压油（Tellus15-by 壳牌 /NutoH-34byEsso）或同等规格产品。

（2）在开口处注入3~5cm 的油（见图7-2）。

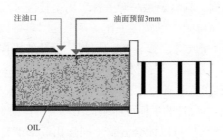

图7-2　注入液压油

（3）根据需求给扩张器斜边进行清洁和涂抹润滑油。

（4）使用后仔细检查工具，将其装入背包并放到专门的位置。

（5）修理和更换零件应该由制造商或制造商指定人员执行。

（6）不要用水或任何物质清洗此工具。

4. 注意事项

（1）闭合时不要在剪断器上施加任何压力。

（2）不要在扩张器移动范围末端施加任何压力。

（3）不要在撑顶器移动范围末端施加任何压力。

（4）不要用水或者任何液体洗涤工具。

（5）不要在手动泵出油口向上时操作工具。

二、PRT手动破拆工具8件套

1. 概述

一套PRT滑动杆及撬斧救生套装工具配件包括：杆、撬斧拔钉锤、尖嘴凿、3寸阔凿、1寸阔凿、破锁拔钉锤、金属切割爪、携带箱（见图7-3）。

图7-3　PRT手动破拆工具8件套

救援破拆工具套装是一套一杆多用型救援工具，适合在不同环境及情况下发挥功能，是救援工作必备工具。具备以下特点。

（1）可完成撬、拧、凿、切割、劈砍等操作，能穿透砖石水泥建筑、金属片及众多复合材料。

（2）操作省时省力，尤其适合在狭窄空间或黑暗条件下使用。

（3）防滑设计的手柄可伸缩，工具头可拆卸更换实现多种用途。

（4）滑动杆可以配合五款不同强化锻钢工具使用，可满足不同需求，如：开金属片（如汽车、飞机外壳）、破开砖墙、门铰、锁、大门等，也可除去障碍硬物。当不加设特别工具时，滑动杆尾部也可作强力拷打工具之用。

2. 操作使用

PRT杆，可变换成5种不同功能的工具使用。

（1）苗：可作撬，除去门闩，破开砖墙等工作；

（2）尖嘴苗：破开坚硬及砖石材料；

（3）破锁拔钉锤：适合撬及锉起物件，如门、窗及锁；

（4）加长苗：适合撬，剪开。由于特长，因此适合在深窄地方应用；

（5）金属剪钳：剪开汽车或机身金属之用；另附带有两个多功能斧。

三、破门工具

1. 概述

破门工具全套装备由破门槌、剪钳、铁斧、铁笔和破门工具背包组成（见图7-4），其最大特点是绝缘防磁、防火花、微声响等。适用于快速破门，物料握柄可吸收97%的重音。

图7-4　破门工具

破门工具背包（含3件工具和一个背包）：包括铁笔、剪钳、铁斧、背包袋（背包袋为尼龙物料）。全套重11kg。

2. 操作使用

（1）铁笔：以合金为物料的一个独特双向铁笔，防过电，防火花达100000V。

（2）剪钳：高速钢材料的剪切钳，硬性好，克服碳素工具钢在高温下丧失切削金属能力的缺点，且握柄设计达到最大杠杆作用，有效减轻工作施力。

（3）铁斧：防静电防滑先进聚合物握柄，加入特制涂层有效避免铁斧吸收玻璃碎片。

（4）撞锤：有防过电和防火花功能。是专为门、窗等结构性障碍物设计，有效实现快速破门。

四、无火花工具

1. 概述

无火花工具材质以铍青铜和铝青铜为原料，铍青铜合金、铝青铜合金在撞击或摩擦时不发生火花，十分适合用来制造在易爆、易燃、强磁及腐蚀性场合下使用的安全工具。

图7-5　21件套无火花工具

铝青铜合金防爆工具是用贵重稀有金属合成、熔炼、锻造而制成的安全工具，表面呈黄色。工作面硬度 HRC25° 以上，抗拉强度 δ_b>75~85kgf/mm。在易燃气体乙烯（浓度7.8%）空间连续使用均确保安全，冲（撞）击、摩擦、落锤不会产生火花爆炸。21件套如图7-5所示。

2. 常用配置

无火花工具常用配置清单见表7-1。

表7-1　无火花工具常用配置清单

序号	名称	规格	数量	单位
1	活扳手	10 "	1	把
2	梅花扳手	14×17	1	把
3	梅花扳手	17×19	1	把
4	梅花扳手	19×22	1	把
5	双头开口扳手	14×17	1	把
6	双头开口扳手	17×19	1	把
7	双头开口扳手	19×22	1	个
8	F扳手	13×300	1	把
9	扁簪子	200×20	1	把
10	尖簪子	150×14	1	把
11	管钳	10 "	1	把
12	手锯	300mm	1	把
13	木柄铜丝刷	6行×220mm	1	把
14	圆头锤	0.5kg	1	把
15	刮铲	70×85	1	把
16	十字改锥	150×5	1	把
17		250×6	1	把
18	一字改锥	150×5	1	把
19		250×6	1	把
20	克丝钳	8 "	1	把
21	尖嘴钳	8 "	1	把

3. 使用及维护

无火花工具在日常工作使用完毕后，需要妥善维护以有效保存工具的使用寿命。不使用时需要把工具存放在干燥的地方，避免工作面受损受腐蚀。

（1）正常工作中连续敲击20次后应该对工具的表面附着物进行处理，揩净后再做使用，不宜长时间连续使用，以免因为长时间处于摩擦会使工具受热，这样会有损我们的工具。

（2）使用后要揩净表面污秽和积物，放置在干燥的安全地方保存。

（3）敲击类工具产品，不可连续打击，超过10次应有适当间歇，同时要及时清除产品部位粘着的碎屑后再继续使用。

（4）扳手类产品不可强力使用，更不能用套管或绑缚其他金属棒料加长力臂，以及用锤敲击（敲击扳手除外）的方法旋扭紧固件。

（5）刃口类工具应放在水槽内轻轻接触砂轮进行刃磨，不可用力过猛和接触砂轮时间过长。

（6）在敲砸类工具实际操作中，必须清除现场杂物和工作面腐蚀的氧化物，防止第三者撞击。

根据以上性能及使用，说明在正常使用过程中铝铜合金较适用于常压设备及防爆条件要求不太严格的环境（如加油站、小型油库等）。而铍铜合金防爆工具性能适用于炼油厂、转气站、采气厂、钻井队等。

各种产品使用前要清除表面油污，按钢制工具参照说明书使用。

第二节　电动破拆装备

电动破拆装备中，无管交直流两用电动液压救援工具是第一个将高性能的常规液压破拆救援工具与便捷的电池驱动相结合的高效救援产品。交直流两用电动救援工具无须外接动力源和油管，各工具轻轻一按开关即可操作，无须考虑动力源能够带动工具的数量问题，迅速、高性能、操作无阻碍，星状手控阀无须转动手腕即可完成复杂作业，是快速救援的理想工具。电动液压破拆工具系列有电动液压扩张器、电动液压剪断器、电动液压多功能钳、电动液压救援顶杆。

一、电动液压扩张器

1. 概述

电动液压扩张器（见图7-6）集强扩张力、大扩张距离与轻重量于一体。菱形颗粒结构扩张头使破拆救援更容易。扩张头极为扁平，可以楔入极为狭窄的缝隙，其特殊的表面结构为快速安全的救援提供了更好的支撑点。

图7-6　电动液压扩张器

扩张力：34~112kN。

扩张距离：605mm。

牵拉力：28kN。

牵拉距离：495mm。

附件（见图7-7）：包括电池、电源线、充电器、电池包、牵拉链条。

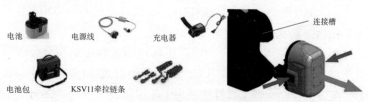

电池　　电源线　　　充电器　　　　　　　连接槽

电池包　　KSV11牵拉链条

图7-7　电动破拆工具配套附件

电动液压扩张器结构组成如图7-8所示。

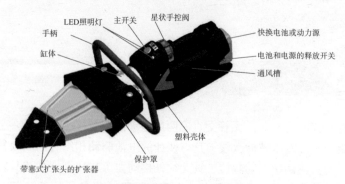

LED照明灯　主开关　星状手控阀

手柄　　　　　　　　　　　　快换电池或动力源

缸体　　　　　　　　　　　　电池和电源的释放开关

　　　　　　　　　　　　　　通风槽

　　　　　　　　塑料壳体

带塞式扩张头的扩张器　保护罩

图7-8　电动液压扩张器结构组成

2. 操作使用

（1）使用前注意事项。

1）准备工作：穿好防护衣，戴好护目镜；戴好安全手套；如果需要戴好护耳设备。

2）确保工作现场没有人会因为设备工作或有飞溅物产生而面临危险。也要避免对别人的财产或者与救援无关的物体造成伤害。

3）严禁把手伸入救援工具的运行轨迹之间（如在刀刃或者扩张臂之间，或者救援顶杆和被撑顶的物体之间）。

4）救援设备在操作过程中迸发出的力量可能会导致碎片迸溅或飞出，因此，与救援操作无关的人员需要和现场保持一定距离。

5）初次启动前确保电池充满电。

（2）一般操作步骤。

1）插入充好电的电池至电池插槽底部，正确插入后会被自动锁定。

2）星状手控阀（见图7-9）。

图7-9　星状手控阀

开启设备：顺时针方向转动手柄（按照符号方向）并保持在该位置。

关闭设备：逆时针方向转动手柄（按照符号方向）并保持在该位置。

止回功能：释放手柄，星状手控阀自动回到中位，以完全确保负荷支撑功能。

3）扩张：扩张头仅用来增大缝隙，当使用扩张头凹槽大约一半位置的时候可以实现全部扩张力。在扩张头后部扩张区能得到最大力量（见图7-10）。

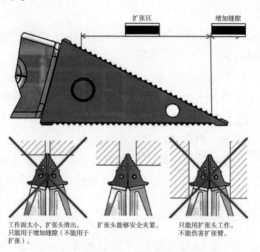

图7-10　扩张头

4）牵拉：牵引链条只可用于牵拉作业。在牵引作业前，需确保螺栓与吊钩装好，以保证牵引链在牵拉过程不会滑落。只有牵引链在适当位置装好后才能进行牵拉操作。至少每年对牵拉链进行一次专业的检查。

5）挤压（见图7-11）：由轻金属合金做成的扩张臂或多动能钳臂不能被损伤。一般来说，只能在扩张头头部区域进行挤压作业。扩张头结构如图7-12所示。

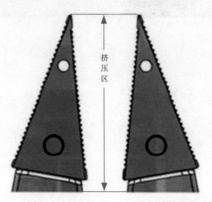

图7-11　挤压

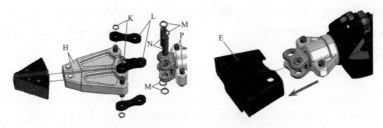

图7-12　扩张头结构

6）更换扩张头的相关步骤。首先，要仔细清洁救援设备。关闭设备并拿下电池或者从设备上断开电源。其次移下固定螺栓 A 并移动手柄 B。手柄通过螺栓和螺母装配。为了拿下扩张头 G，要在两个方向同时按压按钮 J 并且向前拉扩张头 H 直到离开。拿下螺母 C 和垫片 D，然后尽可能向后推保护罩 E 来露出螺栓 M 的位置。在移开扩张臂之后，现在只能拉出保护罩。先卸下锁定环 K 然后向外拉连杆 L，之后可以更换扩张臂 H。向两边移动锁定环 M 来确保能移动螺栓 N。现在可以卸下扩张臂 H。一旦取下扩张臂，即可通过向外拉取下护套 E 以相反的顺序来进行组装新部件。操作如图7-13所示。

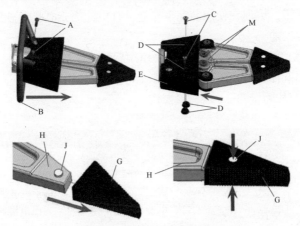

图7-13　扩张头更换操作

3. 维护保养

本设备属于高机械压力设备。每次使用后都要进行外观检查，且每年都要进行一次检查。这些检查确保能早些发现磨损和破裂，这样可以及时替代磨损零件从而阻止设备损坏。每三年或者对于设备的安全性以及可靠性产生疑问时，需要进行附加的功能检测，以保证设备安全性、可靠性。

（1）非工作状态。救援工作完成后，要将扩张臂闭合并留有几毫米的间距。这样能够减轻设备内部的液压和机械张力；每次使用后都要清洁救援设备并在金属表面和机械运动件表面抹油。扩张器的插塞式扩张头也要经常抹油。抹油能够保护设备免受额外磨损或者腐蚀。不要把设备存储在潮湿的环境中；存放设备时，不能完全闭合臂或者完全回收活塞杆。如果完全闭合臂或者收回活塞杆，液压和机械应力可能会进入设备。

（2）外观检查。扩张头的开口距离，整体密封（泄漏），星状手控阀的可操作性，手柄存且稳定；标签完整并可见，保护套完整，扩张臂无破裂；扩张臂上的销轴，保持环都在原位而且状态良好；扩张头的褶皱干净、边缘良好、无破损，扩张头呈闭合状态，主控开关、工作区与连接轴的灯光工作。

（3）电池与电源。电池盒无损坏，电路接触面干净且无损坏，线路无损坏，电池在使用前完全充电，锂电池的充电状态显示正常或电池功能正常。

（4）功能测试。启动星状手控阀后可以流畅开关控制，无可疑噪声，手阀停止后，扩张臂立刻停止运动。

（5）故障排除。按表7-2操作。

表7-2　电动破拆工具的常见故障排除

问题	检查	原因	解决方案
操作时，刀片、扩张臂或者顶杆活塞移动缓慢或者剧烈	电池完全充电	电池没电	充电
		电池故障	更换电池
	电源线连接	液压系统有空气	由专业人员进行维修
		电源没有正确连接到救援设备上	重新把电源插入到连接口
		电源线没有正确连接到外接电源上	重新连接外接电源
		电源或电源线失效	更换电源或电源线
		外界电源失效	使用其他外接电源

问题	检查	原因	解决方案
操作时刀片、扩张臂或者顶杆活塞运动	电池完全充电	电池没电	充电
		电池故障	更换电池
	电源线连接	电源或者电源失效	更换电源线
		设备失效	由专业人员进行维修
给电后设备不工作		设备故障	由专业人员进行维修
完全释放后，星状手控阀不能回到中位	壳体损坏或者星型手控阀不能顺畅工作	扭转弹簧损坏	由专业人员进行维修
		星型手柄	
		阀门故障	
		其他机械损伤	
活塞杆液压油泄漏		活塞杆密封有问题	由专业人员进行维修
		活塞杆有损伤	
尽管按照说明书充完电，每次操作时间也不会超过5min		电池失效	更换电池

二、电动液压剪断器

1. 概述

电动液压剪断器（见图7-14）操作非常方便，其著名的人体工学几何形刀片是为破拆救援而特殊优化设计，在恰当的施力点提供更大的剪切力。剪切力强大，重量轻、平衡性好，避免疲劳操作，刀片加固设计，寿命长可靠性高。救援人员评价它是集大开口距离与高剪切性能于一体的救援工具。

工作压力：700bar。

剪切力：642kN。

剪切圆钢直径：33mm。

开口距离：150mm。

附件：电池、电源线、充电器、电池包。

图7-14 电动液压剪断器

结构部件如图7-15所示。

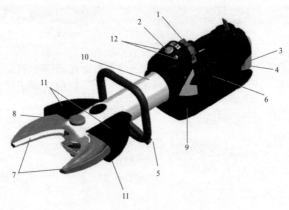

图7-15 电动液压剪断器结构部件

1—星状手控阀；2—主开关；

3—快换电池或动力源；4—电池和电源的释放开关；

5—手柄；6—通风槽；7—刀片；8—中心销轴；9—塑料壳体；

10—缸体；11—护套；12—LED 照明灯

2. 操作使用

（1）使用前注意事项。

1）准备工作：穿好防护衣，戴好护目镜；戴好安全手套；如果需要戴好护耳设备。

2）确保工作现场没有人会因为设备工作或有飞溅物产生而面临危险。也要避免对别人的财产或者与救援无关的物体造成伤害。

3）严禁把手伸入救援工具的运行轨迹之间（如在刀刃或者扩张臂之间，或者救援顶杆和被撑顶的物体之间）。

4）救援设备在操作过程中迸发出的力量可能会导致碎片迸溅或飞出，因此，与救援操作无关的人员需要和现场保持一定距离。

5）初次启动前确保电池充满电。

（2）一般操作步骤。

1）插入充好电的电池至电池插槽底部，正确插入后会被自动锁定。

2）星状手控阀。

开启设备：顺时针方向转动手柄（按照符号方向）并保持在该

位置。

关闭设备：逆时针方向转动手柄（按照符号方向）并保持在该位置。

止回功能：释放手柄，星状手控阀自动回到中位，以完全确保负荷支撑功能。

剪切：刀片必须位于与需要剪切的物体垂直90°的位置（见图7-16）。剪切物体时尽量将被剪切物体靠近刀片根部以产生最大的剪切力。

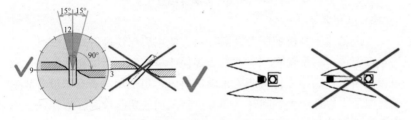

图7-16 剪切时物体与刀片位置

剪切刀片结构如图7-17所示。

3）更换剪切刀片的相关步骤。首先，仔细清洗救援设备。其次取出固定螺母A并拿下保护罩B，然后卸下保护帽C。移动剪切臂知道销轴E和锁定环F能穿过孔D。现在关闭装置并且拿下电池或者断开电源。然后依次拧下螺母G，中心螺栓H和中心销轴J。松开固定螺栓K并拿下，现在手柄L可以被拉出刀片。拿出锁定环M并推出销轴N。现在可以拉出刀片O和滑动板P了。组装新的部件，将以相反的顺序执行，如图7-18所示。

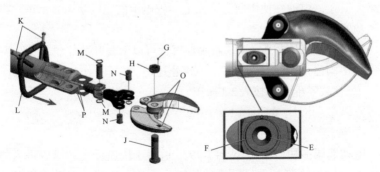

图7-17 剪切刀片结构

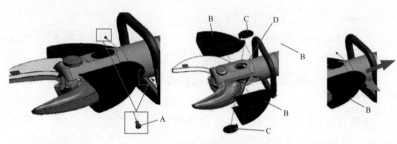

图7-18　更换剪切刀片

3. 维护保养

本设备属于高机械压力设备。每次使用后都要进行外观检查，且每年都要进行一次检查。这些检查确保能早些发现磨损和破裂，这样可以及时替代磨损零件从而阻止设备损坏。每三年或者对于设备的安全性以及可靠性产生疑问时，需要进行附加的功能检测，以保证设备安全性、可靠性。

（1）非工作状态。救援工作完成后，要将剪切刀片闭合并留有几毫米的间距。这样能够减轻设备内部的液压和机械张力；每次使用后都要清洁救援设备并在金属表面和机械运动件表面抹油。

（2）外观检查。剪切头呈闭合状态，整体密封（泄漏），星状手控阀的可操作性，手柄存在且稳定；标签完整并可见，保护套完整，剪切刀片无破裂，剪切刀片边缘良好、无破损，主控开关、工作区与连接轴的灯光工作。

（3）电池与电源。电池盒无损坏，电路接触面干净且无损坏，线路无损坏，电池在使用前完全充电，锂电池的充电状态显示正常或电池功能正常。

（4）功能测试。启动星状手控阀后可以流畅开关控制，无可疑噪声，手阀停止后，剪切刀片立刻停止运动。

（5）故障排除：按表2-1操作。

三、电动液压多功能钳

1. 概述

电动液压多功能钳（见图7-19）适用于快速反应、难以进入的区域和难以运输等对重量敏感的救援及活动。该装备以其重量轻的优点成为救援利器。多功能刀头扁平设计，无须更换工具即可进入狭小空间。

工作压力：700bar。

剪切力：280kN。

剪切圆钢直径：26mm。

扩张力：405kN。

牵拉力（配牵拉链条）：32kN。

牵拉距离（配牵拉链条）：330mm。

附件：电池、电源线、充电器、电池包、牵拉链条。

电动液压多功能钳结构部件如图7-20所示。

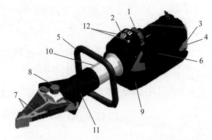

图7-19　电动液压多功能钳

图7-20　电动液压多功能钳结构部件

1—星状手控阀；2—主开关；3—快换电池或动力源；

4—电池和电源的释放开关；5—手柄；6—通风槽；

7—刀片；8—中心销轴；9—塑料壳体；10—缸体；

11—保护罩；12—LED 照明灯

2. 操作使用

（1）使用前注意事项。

1）准备工作：穿好防护衣，戴好护目镜；戴好安全手套；如果需要戴好护耳设备。

2）确保工作现场没有人会因为设备工作或有飞溅物产生而面临危险。也要避免对别人的财产或者与救援无关的物体造成伤害。

3）严禁把手伸入救援工具的运行轨迹之间（如在刀刃或者扩张臂之间，或者救援顶杆和被撑顶的物体之间）。

4）救援设备在操作过程中迸发出的力量可能会导致碎片迸溅或

飞出，因此，与救援操作无关的人员需要和现场保持一定距离。

5）初次启动前确保电池充满电。

（2）一般操作步骤。

1）插入充好电的电池至电池插槽底部，正确插入后会被自动锁定。

2）星状手控阀。

开启设备：顺时针方向转动手柄（按照符号方向）并保持在该位置。

关闭设备：逆时针方向转动手柄（按照符号方向）并保持在该位置。

止回功能：释放手柄，星状手控阀自动回到中位，以完全确保负荷支撑功能。

3）剪切：刀片必须位于与需要剪切的物体垂直90°的位置。剪切物体时尽量将被剪切物体靠近刀片根部以产生最大的剪切力。

4）扩张：扩张头仅用来增大缝隙。当使用扩张头凹槽大约一半位置的时候可以实现全部扩张力。在扩张头后部扩张区能得到最大力量。

5）牵拉（见图7-21）：牵引链条只可用于牵拉作业。在牵引作业前，需确保螺栓与吊钩装好，以保证牵引链在牵拉过程不会滑落。只有牵引链在适当位置装好后才能进行牵拉操作。至少每年对牵拉链进行一次专业的检查。对牵引链条，请查阅单独的操作说明。

6）挤压（见图7-22）：由轻金属合金做成的扩张臂或多动能钳臂不能被损伤。一般来说，只能在扩张头头部区域进行挤压作业。

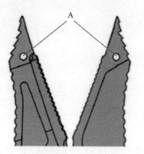

图7-21 牵拉

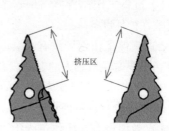

图7-22 挤压

3. 维护保养

本设备属于高机械压力设备。每次使用后都要进行外观检查，且每年都要进行一次检查。这些检查确保能早些发现磨损和破裂，这样可以及时替代磨损零件从而阻止设备损坏。每三年或者对于设备的安全性以及可靠性产生疑问时，需要进行附加的功能检测，以保证设备安全性、可靠性。

（1）非工作状态。救援工作完成后，要将剪切刀片闭合并留有几毫米的间距。这样能够减轻设备内部的液压和机械张力；每次使用后都要清洁救援设备并在金属表面和机械运动件表面抹油。

（2）外观检查。剪切头呈闭合状态，整体密封（泄漏），星状手控阀的可操作性，手柄存在且稳定；标签完整并可见，保护套完整，剪切刀片无破裂，剪切刀片边缘良好、无破损，主控开关、工作区与连接轴的灯光工作。

（3）电池与电源。电池盒无损坏，电路接触面干净且无损坏，线路无损坏，电池在使用前完全充电，锂电池的充电状态显示正常或电池功能正常。

（4）功能测试。启动星状手控阀后可以流畅开关控制，无可疑噪声，手阀停止后，剪切刀片立刻停止运动。

（5）故障排除。按表2-1操作。

四、电动液压救援顶杆

1. 概述

电动液压救援顶杆（见图7-23）便携性极高，顶杆两端的防滑齿可360°自由旋转，使救援人员能够在任何情况下将顶杆置于最佳工作位置，装配坚固，操作安全。

工作压力：700bar。

活塞行程：360mm。

顶撑力：103kN。

闭合长度：545mm。

伸出长度：905mm（配合加长杆1205mm）。

图7-23　电动液压救援顶杆

2. 操作使用

（1）使用前注意事项。

1）准备工作：穿好防护衣，戴好护目镜；戴好安全手套；如果需要戴好护耳设备。

2）确保工作现场没有人会因为设备工作或有飞溅物产生而面临危险。也要避免对别人的财产或者与救援无关的物体造成伤害。

3）严禁把手伸入救援工具的运行轨迹之间（如在刀刃或者扩张臂之间，或者救援顶杆和被撑顶的物体之间）。

4）救援设备在操作过程中迸发出的力量可能会导致碎片迸溅或飞出，因此，与救援操作无关的人员需要和现场保持一定距离。

5）初次启动前确保电池充满电。

（2）一般操作步骤。

1）插入充好电的电池至电池插槽底部，正确插入后会被自动锁定。

2）星状手控阀。

开启设备：顺时针方向转动手柄（按照符号方向）并保持在该位置。

关闭设备：逆时针方向转动手柄（按照符号方向）并保持在该位置。

止回功能：释放手柄，星状手控阀自动回到中位，以完全确保负荷支撑功能。

3）顶撑：使用救援顶杆之前，要保证有恰当的支撑，使用必要的基材。救援顶杆在液压缸端和活塞端都装配有防滑齿，这样可以固定住。如果支撑不合适，如在支撑车前端，或者支撑车顶时，额外的支撑、液压缸附件有必要采用像安全带这样的保护措施。

在使用救援顶杆时（无 LUKAS 支撑座的情况下），有必要保证让活塞杆和液压缸防滑齿的4个端部是齐平的。在防止救援顶杆时（有 LUKAS 支撑座时），有必要让活塞杆和液压缸防滑齿端部和轴承的圆钢齐平。可以有效避免液压缸承受单侧应力。必须通过支撑或者基材来保证被支撑物体的安全。

4）安装延长杆的步骤。首先，将顶杆上的防滑齿"A"取下，检查 O 形圈 "B" 是否还在顶杆上，同时是否处于良好的状态，如果需要，更换为形圈。其次，检查 O 形圈 "B" 的贴合度，用 LUKAS 专用润滑剂涂抹于其接触的表面，然后将延长杆插入顶杆上直至达到底部停止。最后，当延长杆使用完毕且不再需要后，按照上面相反的顺序取下它，然后存放于合适的地方（见图 7-24）。

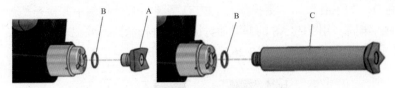

图 7-24　安装延长杆

3. 维护保养

本设备属于高机械压力设备。每次使用后都要进行外观检查，且每年都要进行一次检查。这些检查确保能早些发现磨损和破裂，这样可以及时替代磨损零件从而阻止设备损坏。每三年或者对于设备的安全性以及可靠性产生疑问时，需要进行附加的功能检测，以保证设备安全性、可靠性。

（1）非工作状态。救援工作完成后，要闭合并留有几毫米的间距。这样能够减轻设备内部的液压和机械张力；每次使用后都要清洁救援设备并在金属表面和机械运动件表面抹油。

（2）外观检查。剪切头呈闭合状态，整体密封（泄漏），星状手控阀的可操作性，手柄存在且稳定；标签完整并可见，保护套完整，剪切刀片无破裂，剪切刀片边缘良好、无破损，主控开关、工作区与连接轴的灯光工作。

（3）电池与电源：电池盒无损坏，电路接触面干净且无损坏，线路无损坏，电池在使用前完全充电，锂电池的充电状态显示正常或电池功能正常。

（4）功能测试：启动星状手控阀后可以流畅开关控制，无可疑噪声，手阀停止后，剪切刀片立刻停止运动。

（5）故障排除：按表 2-1 操作。

（6）更换活塞杆液压缸防滑齿的步骤：首先，要仔细清洁救援设备。关闭设备并拿下电池或者从设备上断开电源。拔下防滑齿，拿出O型圈B，如果有损坏，更换新的。把O型圈插入到新的防滑齿A的槽中并检查是否插入牢固。用LUKAS的润滑油对接触面进行涂抹并把新的防滑齿插入到活塞里面（见图7-25）。

（7）更换端部防滑齿的步骤：首先，要仔细清洁救援设备。关闭设备并拿下电池或者从设备上断开电源。拔下防滑齿，拿出O型圈D，如果有损坏，更换新的。把O型圈D插入插槽中并检查是否插入牢固。用LUKAS的润滑油对接触面进行涂抹，并把新的防滑齿C插入到活塞里面（见图7-26）。

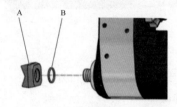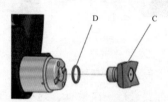

图7-25　更换活塞杆液压缸防滑齿　　　图7-26　更换端部防滑齿

第三节　机动破拆装备

机动破拆工具包括各种类型和型号的液压破碎镐、液压圆盘锯、液压链锯、液压圆环锯、液压岩石钻、液压岩芯钻、液压挖土钻、液压渣浆泵、液压打桩机等（见图7-27）。与传统的电动工具、风动

图7-27　机动破拆工具

工具等相比，机动液压工具工作性能更加卓越、效率更高、效果更好、操作更舒适、维护保养更简便、故障率更低、运行费用更低、使用寿命更长，可为救援节约更多的时间。

一、机动液压动力站

1. 概述

液压动力站见图7-28所示。输出流量可在0~30l.p.m.随意调节，适用于多种液压工具工作，是液压破碎镐、液压切割锯、液压链锯、液压圆环锯、液压渣浆泵、液压岩芯钻、液压岩石钻、液压挖土钻等高功效液压工具的首选液压动力源，能快速响应拆除、公路养护、租赁、市政、电力、动力、自来水、燃气、供暖、管道、电信等工程公司以及军队、消防队、地震救援队等救援现场。

图7-28　机动液压动力站

液压动力站结构紧凑、重量轻、运输方便。有流量调节手柄，可根据液压工具的要求进行流量调节，流量调节范围20~30l.p.m，节省燃油，低噪声。动力为原装本田13马力发动机，装备有发动机机油缺油综合报警装置；质量81kg；最大工作压力150bar。

2. 操作使用

（1）启动。

1）启动前检查汽油机燃油油面高度。

2）通过窥视镜检查液压油油面高度。

3）连接液压管和工具。

4）将燃油旋钮置于"ON"位置。

5）打开风门。

6）拉动启动拉绳。

（2）停止。

1）将控制开关扳到"OFF"位置。

2）关掉点火开关。

3）将燃油旋钮置于"OFF"位置。

3. 注意事项

（1）必须戴上防护耳塞。虽然动力装置符合 EU 噪声限制标准，最大不超过104dB。但是如果不戴耳塞，每天长时间地操作会影响听力。

（2）启动前必须将所有的液压软管连接好。

（3）当汽油机工作时，禁止添加燃油和液压油。

（4）不使用机器，停止操作时，必须关闭发动机。

（5）不要启动没有安装防护盖板的发动机。

（6）在没有与液压工具连接的情况下运转动力站，并将控制开关处于启动"ON"位置，这样会导致系统温度过热而损坏动力站。

（7）出厂时卸压阀的压力设定为150bar，不能任意设置超过此压力。

（8）必须使用带旁通的过滤器，否则会有引起爆炸的危险。

4. 维护保养

维护保养周期见表7-3。

表7-3　维护保养周期

服务／维修	每天	每周	每年
燃油	检查		更换一次
液压油	检查		更换一次
液压油过滤器			更换一次
检查液压管		根据需要拧紧	
空气过滤器			更换一次
燃料过滤器			更换一次

二、机动液压圆盘锯

1. 概述

图7-29　机动液压圆盘锯

机动液压圆盘锯如图 7-29 所示。用于水平和垂直切割各种材质的物体，如钢筋混凝土结构、岩石、钢结构、砖墙、沥青等。结实、耐用，即使在极端恶劣的环境中也可使用。其本身的运动部件均在液压油中工作，完全不会受到水、粉尘等因素的影响。可长时间连续工作、无须保养而不必担心其损坏，比内燃式或电动式圆盘锯的切割效率更高。

机动液压圆盘锯还具有防锯片卡死的自动停机安全保护功能（ASCO），安全性高。如果锯片在使用过程中卡住，液压圆盘锯会自动停止旋转，从而能非常有效地保护操作者的安全。

质量9.4kg；　流量20~34l.p.m；　工作压力120bar；　锯片直径450mm；　最大切割深度187mm。

2. 操作使用

（1）启动。

1）安装锯片。

2）连接液压管：连接前清洁快速接头。连接冷却水管。

3）打开动力站，开关设置到"ON"。

4）找好切割基础。

5）向手柄压下扳机把手，开始切割。

6）锯片朝切割的物体，当切割槽出现后，朝物体压下锯片。

7）保持冷却水的稳定供应是很重要的。

（2）停止。

1）把锯片从物体上取下，松开扳机把手。

2）把动力源设置在"OFF"，断开冷却水管。

3. 注意事项

（1）使用前检查切割锯的液压油供应。

（2）确保锯片安装正确可靠。

（3）使用正常完好的锯片。

（4）高压下渗透的液压油会损伤皮肤。因此，一定要注意：不能用手指去检查液压油是否泄漏，也不得把脸靠近液压油可能泄漏的地方，可以用一片纸板来代替。如果液压油不慎渗入皮肤，必须立即就医治疗。

（5）始终使用经过检验的液压管。

（6）工作时，操作人员必须佩戴防护镜、耳塞、头盔和防护靴等保护设施。

4. 维护保养

维护保养周期见表7-4。

表7–4　维护保养周期

服务 / 维修	每天	每周	每年
检查快速接头并仔细清洁	×		
检查液压管	×		

三、机动液压破碎镐

1. 概述

手持式机动液压破碎镐如图7-30所示。标准配置了全球减振效果最佳的"PROLINE"型减振手柄，振动强度最低可达6.8m/s²，操作舒适，从而确保操作人员可以长时间地工作而不会觉得疲倦。安全开关，低噪声；特别为破碎混凝土、岩石、沥青、冻土、砖结构等而设计制造，并有水下型，可适合水下工作。质量22kg；流量20l.p.m；工作压力110bar；冲击频率1560次/min；振动强度6.8m/s²；可安装各种尖钎和铲头。

图7-30　机动液压破碎镐

2. 操作使用

（1）启动。

1）插入镐钎。

2）连接液压管：连接前清洁快速接头。

3）打开动力站，开关设置到"ON"。

4）向手柄压下扳机把手。

5）工作时，液压镐相对要破碎的物体始终保持正确的角度，而且要一小块一小块地破碎。如果破碎速度不够快，说明液压镐力量太小或者破碎的块太大。

（2）停止。

1）松开扳机把手到原位。

2）安全扳机将自动锁住扳机把手。

3. 注意事项

（1）安全扳机不能卸下。要确保安全扳机工作正常。

（2）在水平或向上破碎时，始终小心碎块落下砸伤人体。

（3）高压下渗透的液压油会损伤皮肤。因此，一定要注意：不能用手指去检查液压油是否泄漏，也不得把脸靠近液压油可能泄漏的地方，可以用一片纸板来代替。如果液压油不慎渗入皮肤，必须立即就医治疗。

（4）始终使用正确的镐钎。

（5）在把液压镐连接到动力源之前，始终要检查镐钎栓工作是否正常，防止镐钎从镐头脱落。

（6）始终使用经过检验的液压管。

（7）启动动力站前将液压管与液压镐连接好。确保所有的接头都被拧紧、连接好。

（8）禁止液压镐不带镐钎工作或没有顶着工作面工作，这样有可能导致液压镐过载工作。

（9）工作时，操作人员必须佩戴防护镜、耳塞、头盔和防护靴等保护设施。

4. 维护保养

维护保养周期见表7-5。

表7–5　维护保养周期

服务 / 维修	每天	每周	每年
检查快速接头并仔细清洁	×		
检查液压管	×		
检查蓄能器			×

四、机动液压岩石钻

1. 概述

机动液压岩石钻如图7-31所示。用于在岩石和混凝土上钻孔。是目前市场上唯一具有内置式空压机吹渣、并且拥有4种不同工作模式的液压岩石钻。钻孔直径可达45mm，钻孔深度可达3m左右。

质量20kg；流量25~30l.p.m；工作压力115bar，最大压力150bar；有4种工作模式可切换，最大转速可达400rpm；钻孔

图7-31　机动液压岩石钻

直径可达46mm；钻孔深度可达3m。

2. 操作使用

机动液压岩石钻的启动步骤如下。

（1）插入钻杆和钻头。

（2）连接液压管：连接前清洁快速接头。

（3）打开动力开关。

（4）启动钻机前要站稳，保持身体平衡，避免在操作过程中被绊倒。

（5）将钻机的钻头放在要钻孔的物体上，压下控制手柄，钻机便开始工作了。

（6）将控制手柄恢复到原位，钻机停止工作。

3. 注意事项

（1）检查钻机的液压油供应。

（2）始终使用正确的钻杆和钻头等工具头。

（3）确保工具头各连接部位已被拧紧、固定。

（4）始终使用经过检验的液压管。

（5）当钻机与动力站连接时，不得进行检查和清洁工作，不得变换工具或拆卸液压管，以免意外启动造成伤害事故。

（6）不许在没有使用钻杆、钻头或无操作面的条件下操作钻机，以免钻机超负荷运转。

（7）快速接头在连接前必须保持清洁。

（8）在用钻机工作时，操作员必须佩戴防护镜、耳塞、头盔和防护靴等保护设施。

4. 维护保养

维护保养周期见表7-6。

表7-6　维护保养周期

服务／维修	每天	每周	每年
检查快速接头并仔细清洁	×		
检查液压管	×		
检查蓄能器			×
清洁空气过滤器	×		

五、内燃破碎镐

1. 概述

汽油驱动凿岩机和破碎镐如图7-32所示。应用范围广泛，如岩石分裂、破碎混凝土、切割沥青、夯实道碴锤、入道钉、埋入管路、杆、接地棒和探头，挖沟渠和洞等。所有这些工作均不需要动力钻或电缆。该装备不仅是独立式破碎镐，也是动力强劲的钻机。可以在坚固的花岗岩上钻出2m深的孔，钻孔速度可达每分钟30cm。具备易于运输，快速就位，HAPS™手臂保护系统，低排放，低噪声等特点。

图7-32　内燃破碎镐

技术性能：

冲击能量：22~25 （at2700b/m）；

冲击频率，全速：2700b/m；

带有34mm钻头的穿透率：200~300mm/min；

最大钻孔深度：2m；

钻头旋转速度：250r/m。

发动机：

发动机类型：1个汽缸，双冲程；

气缸排量：185cc；

功率：2kW；

冷却系统：风扇冷却；

启动器系统：Magnapull；

燃油类型：90~100无铅辛烷汽油；

燃料容量：1.2L；

燃油消耗：1.3~1.5L/h；

燃油混合（%）：2。

2. 操作及注意事项

内燃破碎镐是一个易于掌握的、高效的工程机械；但若不正确使用或没有适当的预防措施，它可能具有一定的危险性。使用时应注意以下几点。

（1）只有具备捣固机操作知识、身体健康的成年人才能操作。

（2）禁止穿戴领带、手镯或其他可能被发动机缠绕的饰物。穿戴好手套、防护眼镜以及护耳用具等劳保用品。

（3）启动机器或工作过程中，工作区域内不许有旁观者或动物。

（4）工作时应始终站在安全位置。

（5）机器运输、转移过程中必须停止运转发动机。

（6）每次使用前应检查机器的各种安全装置。

（7）不要使用损坏的或不正确维修和组装的机器。不要拆除或损坏机器的各种安全装置。

（8）除进行例行的保养外，不要自行拆卸和修理机器。如有必要，请到专业维修处或授权经销点维修。

（9）不要在带电设备附近使用。

（10）汽油机排出的废气含有一氧化碳等有毒气体，避免吸入。不可在封闭的室内或通风不良的地方使用。

（11）严禁急加速和急停车，以免损坏机器。

六、无齿切割锯

无齿切割锯以汽油发动机为动力源，通过锯片的高速旋转，切割各类金属、混凝土、砖土等结构，广泛应用于市政建筑工程、消防抢险救灾、公安破拆、路桥建设、房屋拆迁、园林作业、电力抢修等机动及野外作业。可带水作业，改善施工环境，保护施工人员健康。通过更换不同类型的锯片，可切割钢架、铁轨、水管、钢筋、铁板、岩石、钢筋混凝土、石棉等。

1. 概述

无齿切割锯如图7-33所示。以汽油为燃料，动力强劲，操作便捷，切割深，特别适合于应急救援工作。装配树脂砂轮片，可切割各类金属物体；装配金刚石混凝土锯片，可切割桥梁，建筑物中的钢筋混凝土。

图7-33 无齿切割锯

技术性能：

发动机类型：空冷两冲程汽油发动机；

排量（cm³）：80.7；

发动机转速（RPM）：10000+/-100；

功率（HP/kW）：5.1HP/3.7kW；

点火系统：数字式电子点火；

化油器：WALBROWJ104；

油箱容积（L）：0.88；

锯片芯轴直径（mm）：25.4；

锯片直径（mm）：400；

功率质量比（kg/kW）：3.7；

带锯片空载转速（RPM）：4700；

切割深度（mm）：145；

结构组成如图7-34所示。

图7-34　结构组成

1—空气过滤器盖；2—消音器；3—保护止动球柄；

4—止动销孔；5—皮带张紧凸轮；6—皮带护罩螺母；

7—辊柱／轮子；8—臂安装螺母；9—减压阀；10—启动控制杆；

11—后手柄；12—接地开关；13—圆刀护盖；14—前手柄；

15—半油门按钮；16—油门止动杆；17—油门杠杆；18—燃料箱盖；

19—启动手柄；20—圆刀固定螺钉；21—圆刀

2. 操作使用

（1）燃料添加：发动机使用无铅汽油，机油混合比为50：1，可使用为空气冷却的二冲程发动机配方机油。

（2）发动机的启动：将接地开关置于启动（START），按下按钮，减压阀打开，在首次启动时会自动关闭，建议在每次启动前先按下该按钮，拉动油门杆并按下专用按钮使之固定在半油门位置；松开油门杆，拉启动控制杆，将油锯在地上放置平稳，检查圆刀是否可自由转动，不会碰撞异物，用左手抓紧前手柄，并将右脚插在后手柄底座上，慢慢拉启动绳，直至遇到阻力，然后用力拉数次，直至发动机发出噼啪声，将启动控制杆重置原位，重复启动操作，至发动机启动。启动后，按下油门使之从半油门位置松开，并令发动机惰转。

（3）发动机熄火：松开油门杆，令发动机惰转，熄灭发动机，将接地开关置于停止（STOP）位置。

注意：固定所有固定装置；检查皮带的张紧度，如有必要根据说明张紧，如果不规则四边形皮带出现用坏迹象，应立即更换；拧紧圆刀；确保法兰的接触表面干净清洁；存放机器时，建议拆除圆刀并安全保管。

3. 维护保养

（1）化油器：调节化油器前必须清洁启动输送器、空气过滤器并令发动机热机。

空气过滤器：每8个工作小时，拆除盖子，预过滤器和主过热器，如有必要进行更换或保养；预过热器应采用干净、不易燃清洁液（如热皂水）清洁并抹干，接着用2T（12g）上油，用双手将油在预过热器表面均匀轻抹，主过热器应轻摇并用软刷擦净，不得使用空气压缩气清洁这些过滤器；过滤器堵塞会导致发动机运作异常，发动机内部零件损耗、消耗增加、功率减少。

（2）皮带：定期检查皮带的张紧度，必要时更换。

（3）存放：遵循前述所有保养规定，仔细清洁油锯并润滑金属部件，在平整并远离热源或潮湿的表面上水平拆除圆刀，清空油箱里的燃料并重新安装盖子，拆除火花塞；将少许机油倒入油缸内。通过启动绳转动发动机轴数次，以分配机油；重装火花塞，用塑料布包好发动机，在干爽的环境中存放，尽量不直接接触地面。

七、机动链锯

1. 概述

机动链锯是由汽油发动机、链锯条、导板以及锯把等组成的传给锯切机构（见图7-35）。发动机输出的动力通过离合器主要用于切割非金属材料。该装备是一款轻便型大功率油锯，即使在低转速下也可以提供很高的切割扭矩，可以锯切中、大型树木。具备以下特点。

图7-35　机动链锯

（1）配置自动补偿化油器，保持恒定空燃比，使发动机输出的动力稳定，最大限度地减轻操作者的工作强度。

（2）化油器有防震安装保证供油稳定。

（3）面盖设计方便开启，无须使用工具。

（4）减压装置、注油器、半自动阻风门保证在任何条件下无障碍启动。

（5）一体化手柄和把手组件与发动机体分离，隔绝振动，确保出色的操控性能。

（6）铝合金自动调节油泵：使用寿命长，可根据工作负荷调整流量，避免不必要的浪费。

（7）推动防护杆或释放扳机切断动力，链条瞬间停止，最大限度地保护操作者安全。

技术性能：

动力／排量：2.9HP~2.2kW/43.9ml；

导板长度：46cm/18″；

链条节距／厚度：0.325″×0.058″；

油泵：自动／可调式；

润滑油／燃油箱容量：0.22L/0.47L。

链锯组成如图7-36所示。

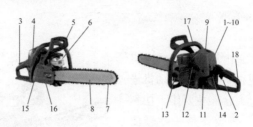

图7-36　结构组成

1—阻风门；2—油门；3—油门保险；4—怠速螺钉；

5—制动装置；6—废气消音器；7—链条；8—导板；

9—空气过滤器盖；10—开关；11—燃料箱盖；12—启动手柄；

13—机油箱盖；14—注油管；15—减压阀；

16—侧链条张紧螺钉；17—前手柄；18—后手柄

2. 操作使用

（1）导板和链条的安装。将制动手柄向前拉，检查链条制动器是否接通电源；取出插在导板双头螺栓中的塑料垫片；完全拧松链条张紧螺钉，将张紧销靠近限位；将导板插在导板双头螺栓上；将链条安装在导板链条自动调节环和导板槽上；装上链盖，使之卡紧并压住导板，拧紧张紧螺钉，直至张紧销插入导板上的销孔；安装链盖的相应螺母，但不拧紧；调节张紧螺钉，拉紧链条；握住导板的顶端，扭紧链盖的固定螺母，用手拉动链条时要能运动自如。绷紧的链条要有几毫米的间隙。

（2）燃料。链锯由二冲程发动机启动，要求将汽油和二冲程发动机机油进行预混合，在干净的汽油容器中预混合无铅汽油和二冲程发动机机油。注意不得使用汽车油或二冲程舷外发动机油。

1）清洁燃料盖周围的表面，以防污染。

2）慢慢拧松燃料盖。

3）小心将燃料混合物倒入油箱中，避免洒出。

4）重新盖上燃料盖前，清洁并检查密封圈。

5）盖上燃料盖，用手拧紧，如有燃料洒出，应清除干净。

（3）发动机启动。链锯启动时必须接通链条制动器，把链条/护手制动控制杆前推（链杆的方向）到制动器接通的位置来接通制动器；按泵油器，将化油器注满，按键使减压阀断开；第一次启动时将自动闭合，建议每次启动前按此键；将启动按机推至最上方，将油锯在地上放置平稳，检查链条是否转动自如和是否接触到其他物体；启动发动机前应确认链锯没有与任何物件接触，当链杆处于切割位置时，禁止尝试启动链锯；用左手握紧前手柄，右脚踏住后手柄；拉动几次启动绳直至听到发动机发出第一次启动声响；将启动按机置于中间位置。一旦发动机启动，松开链条制动器并等候数秒，然后压下油门，松开半油门装置，松开制动器。

（4）发动机熄火。松开油门使发动机空转，将启动按机推至最上方，停止电机，当链条还在运转时，不能把油锯放在地上。

（5）链条的试转。调节松紧智能在链条冷却下来后进行，用手转动链条并补充更多润滑油，然后启动油锯使之中速运转，检查润滑油泵是否正常工作，关发动机，调节链条的松紧。再次启动发动机，并在一根树干上锯数下，再次关发动机并重新检查链条的松紧，重复以上步骤直到链条的张紧，不要让链条碰地。

（6）工作区域预防措施。禁止在电线附近作业，在放置链锯前需先关闭发动机；禁止切割高于肩膀的高度，如链锯的切割口较高，则很难控制和对抗相切应力的作用；如链锯碰触异常物件，应立即停顿链锯，仔细检查；保持清洁，清除污垢和沙子，即使存在污垢也迅速降低链条的锋利程度，并有可能增加反冲。

3. 维护保养

修磨链条：链条节距0.325″×0.050″，穿戴安全手套并使用直径为4.8mm的圆锉修磨链条；导板：导板头部链轮，需使用润滑油注射器注射油脂润滑；导板在使用8h后要翻过来使用，确保磨损一致；用提供的排屑槽清洁用具保持导板上的润滑孔和排屑槽清洁；经常检查导轨的磨损情况，如有必要拆下来用平锉修复；空气过滤器：每天均需转动旋钮检查空气过滤器；燃料过滤器：定期检查，如太脏需进行更换；启动装置：用刷子或压缩空气清扫拆散的散热片；发动机/减压阀：定期用刷子或压缩空气清扫发动机叶轮，脏物积聚会导致发动机温度过高，将叶轮损伤；检查并清除减压阀底座的脏物，否则会保持断开；火花塞：每天均需要转动旋钮以检查火花塞，定期清洁火花塞和检查电极隙；链条制动器：如果链条制动器工作不正常，拆下链条盖，清洁制动器零件，如有损伤或变形，更换链条制动器上的制动钢带。

第四节 气动破拆装备

图7-37 起重气垫

在许多特殊情况下，如抢救被重压陷人员、物体，举升和校正重型机械，现代采矿过程中开采大理石，倾斜地面、狭窄空间施加力量等场合的工作需要，传统的各种起重设备不能满足实际要求，因而需要一种能快速、方便、柔性无碰撞的起重设备——救援起重气垫（见图7-37）。

1. 概述

8bar起重气垫，操作压力为8bar，有防静电和自熄灭特性，表层的特殊设计可提高在草地、泥沙等光滑地面上的抗滑性，2.5cm的插入高度，升举力大，充气时间短、操作快捷，操作时无噪声、不摇晃、能够平稳升举最重负载，即使在倾斜的表面也能迅速地进行升举、推拉、挤压、撬动和劈裂的操作。8bar起重气垫上印有经硫化黄色字体印刷的技术数据，含两种材料：钢丝增强型和芳族聚酰胺织料增加型，芳族气垫较钢丝气垫重量更轻，二者四周均有多层结构，较其他品牌产品更结实耐用。

起重气垫的性能特点如下。

（1）具有防静电和自熄灭特性。

（2）无噪声，不摇晃，能够平衡升举最重负载。

（3）能进行升举、推拉、挤压、撬动和劈裂等操作。

（4）升举力大，使用寿命长，表层的特殊设计可提高在草地、泥沙等光滑地面上的抗滑性。

（5） 10bar 气垫的升举力较 8bar 同型号气垫增加约25%，插入高度同样为2.5cm，表层独特的设计使气垫叠加使用时更稳固。

（6）利用芳族聚酰胺织料增强材料制成。

2. 结构组成

（1） 8bar 芳族气动起重气垫要根据操作要求来选择气动起重气垫的尺寸。气动起重气垫的规格从起重吨位第一节吨到84.6t （见图7-38）。

（2） 充气软管。为了保证能让操作者有一个安全的位置进行充气，充气软管有 5m 和 10m 长度可供选择。软管颜色有红色和黄色，这样可以方便操作者在控制气垫时正确辨认（见图7-39）。

图7-38 不同尺寸起重气垫　　图7-39 充气软管

（3） 8bar 带安全开关复式操纵仪 （见图7-40）。把充气软管连接到控制器后面的出口接口。把空气源连接到控制器侧边的入口接口。给起重气垫充气时向上推动控制手柄。操作时，要注意观察相应的压力表和负载情况。当达到要求的操作压力或者起重高度时，释放操作杆来终止充气过程。当安全阀放气或者达到红色标示区，操作杆会自动返回到零位 （自锁功能）。超过 10bar 最大操作压力时或者由于气垫的负载突然增加导致的压力增加时，混合安全阀会自动启动。安全阀开闭时启动压力值的公差最大值应该为 +/-10%。给气垫放气或者降低负载时按照相反的方向推动操作杆。

（4）带有自锁功能的 8bar 铝制复式操纵仪（见图7-41）。充气时按下图7-41中按钮1。达到操作压力或者提升高度时，释放按钮，可以结束充气过程，当安全阀开始泄气或者压力表到达红色区域时，释放按钮，结束充气过程，压力表回到零位置。通过按压按钮2可以给气垫放气。

图7-40 复式操纵仪　　图7-41 带自锁功能的复式操纵仪

（5）带自锁功能8bar铝制单式操纵仪（见图7-42）。如果只是用一个起重气垫，那么可以通过一个单式操纵仪来进行控制。

（6）200/300bar减压器（见图7-43）。通过T型螺钉将减压器与空气压缩瓶（200bar或300bar）连接。关闭减压器的阀门；打开空气压缩瓶上的阀门。压力计显示空气压缩瓶的压力。通过调节杆将回压调节至约8bar（在回压压力计上显示下降的压力）。将减压器的空气软管与控制器连接。打开减压器的阀门。

图7-42 单式操纵仪　　图7-43 减压器

3. 操作使用

在操作过程中要使用特殊的个人保护措施。例如，防护服，头盔，保护眼罩，眼镜或者面部保护，防噪声措施等。把起重气垫从车上拿下来。准备好充气装备。保证有足够的空气源（见图7-44）。

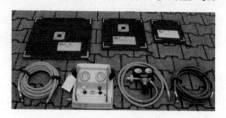

图7-44 充气装备

把气垫插入到一个合适的位置，这样气垫至少75%的部分要放在负载下面。在提升过程中，要不断地提高下面支撑来保证接触。操作中不要站在气垫正前方，应该站在气垫侧面，因为在不利的情况下气垫可能会弹出（见图7-45）。

图7-45 把气垫插入到一个合适的位置

通过定位螺栓把减压器连接到压缩气瓶上（200bar或300bar）。关闭减压器的手轮。慢慢打开气瓶的阀门。前面的压力表指示了气瓶的压力。

用减压器调节阀调节压力到大约8/10bar（后面压力表的读数）。通过把接口连接到控制器的接口上来连接减压器的空气软管。要用力把接头插入到接口里直到感觉连接上。为了保证安全，按照与安全键相反的方向旋转铜套。打开减压器的手轮。这样就可以操作起重气垫了（见图7-46）。

图7-46 减压器

4. 注意事项

（1）起重气垫的芳族层会因为气垫表面受以下伤害而会破坏，如：剪切、破碎、穿刺或者臭氧的影响。因此每次使用后都要进行外观检查。要特别注意下面几种类型的破坏。

1）分裂导致的破坏。

2）剪切导致的破坏。

3）穿刺导致的破坏。

4）高温和化学物质导致的破坏。

如果在检查的时候出现这种情况，在确定此种破坏后，要立刻不再使用这个气垫，而且也不能再进行维修。为了实现最大的提升力，全部有效区域，也即是除去边缘的区域，都要放置在被提升的负载下。而且要对起重气垫施加最大许可操作压力。随着提升高度增加，气垫会变成球型（基本形状为矩形或者方形）。这就是为什么气垫与负载的接触区域会减少直到气垫达到最大弯曲，也就是接触面几乎为零。只有在零负载的情况下，才能达到气垫的最大提升高度。如果气垫的提升力不够，那么考虑到提升高度，我们可以并列使用多个气垫提升。

（2）如果一个提升气垫的提升高度不够，那么最多可以叠加2个气垫。在这种情况下，整体提升高度是两个气垫举升高度的累加。然而，整体的提升力是较小气垫的提升力。基本上，要先对下面的气垫进行充气。

顺序：大气垫在下面，小气垫在上面，不要叠加三个或者更多的气垫，确保负载没有滑移危险。为了尽量使用小型起重气垫的最大工作力，确保负载及气垫之间的距离处于最小值。永远不要站在起重气垫正前方，此位置有滑移危险。

（3）起重气垫使用后的拆卸：在保证负载和气垫完全放气之后要拆卸起重气垫，要按照与安装相反的顺序拆卸所有的附件。

起重气垫也如同其他橡胶产品一样，都会面临自然老化。材料的老化最初表现为失去弹性，特别是随着老化，裂纹的出现变得更加明显。如果裂纹在表面材料上传播开来，那么芳族聚酰胺的增强作用就无法得到表面材料的保护，这会导致表面形成大量裂纹，并导致气垫爆炸。

过去几十年的经验清楚地表明使用超过15年以后，橡胶产品的失效率明显增加。因此，使用15年后要更换起重气垫，18年是最大年限。永远不要低估使用老化的起重气垫进行救援的危险。我们还要强调，虽然现在没有对于最大使用年限的限制，但毫无疑问，这个责任是与使用者和检测方有关的。

5. 故障排除

如果安全阀外部阀体的穿透导致阀门太早的泄压，那么要逆时针方向旋转泄压阀来彻底打开泄压阀，排除压缩空气。当阀体处于未组装状态下，不用拆开泄压阀就可以拧开安全阀上部。想实现这一点，可以先把管路把手放在中间，然后向左旋转。仔细拿出阀球并卸下外面的阀体。紧紧地拧上安全阀的上面部分，重新组装安全阀并检查操作。不要改变设定的压力。

如果阀门上面不封控制器的安全阀的密封或者密封盘被移走，那么无法保证正确操作。要更换安全阀。

第八章

后勤保障装备

后勤保障装备是指实施应急救援的后勤保障的装备，它是保障应急队员作战不可缺少的物质条件。在电网企业应急抢险救灾中，后勤保障装备可分为交通运输保障装备和人员后勤生活保障装备。电力企业在应对突发事故或紧急状态时，需要各种类型的后勤保障装备支持其运转。如果各种资源配置不到位，没有相应的保障，应急救援的能力将受到限制，且难以有效地开展事故的预防、准备、响应、善后和改进等管理工作。因此，配备不同类型的后勤保障装备是开展应急救援的必要前提，对提升企业应对突发事故或紧急情况的应急能力具有非常重要的意义。

第一节　应急交通运输装备

应急交通运输装备是指在各种自然灾害和公共安全事件等非战争事件发生、启动应急响应预案后，综合运用铁路、公路、水路、航空多种运输方式，统筹利用交通运输资源，采取非常规手段和技术方法，保障人员、装备和救灾物资快速、准确、安全送达。

应急交通运输装备可按陆、水、空三类划分。陆路运输以车辆为主，车辆运输还需与起重搬运装备配套使用。水上运输包括轮船、快艇、冲锋舟、橡皮艇、水陆两栖艇、水陆两栖车以及各类浮桥、浮动码头等配套设施。空中运输我国目前以采用直升机为主，只有跨区、省才用上运输机。

一、陆路运输装备

陆路运输装备以汽车为主（公路运输和非铺装路面运输），摩托、小四轮、人力车、畜牧、畜牧车为副的方式。陆路运输装备常用有吊车、货运车、四驱越野型皮卡、四驱方向盘 ADV 车、四驱手把式 ADV 车、雪地车、越野摩托。

1. 常用陆路运输装备介绍

（1）吊车。吊车是起重机的俗称，是在一定范围内垂直提升和水平搬运重物的多动作起重机械。它主要用来吊运成件物品，装载物资至货运车、船上、设备就位、拆除旧件等。

吊车主要包括起升机构、运行机构、变幅机构、回转机构和金属结构等。起升机构是起重机的基本工作机构，大多是由吊挂系统和绞车组成，也有通过液压系统升降重物的。运行机构用以纵向水平运移重物或调整起重机的工作位置，一般是由电动机、减速器、制动器和车轮组成。变幅机构只配备在臂架型起重机上，臂架仰起时幅度减小，俯下时幅度增大，分为平衡变幅和非平衡变幅两种。回转机构用以使臂架回转，是由驱动装置和回转支承装置组成。金属结构是起重机的骨架，主要承载件如桥架、臂架和门架可为箱形结构或桁架结构，也可为腹板结构，有的可用型钢作为支承梁。

吊车的种类可分为可移动式和固定式。可移动式包括汽车吊、履带吊、行吊等；固定式包括码头吊、塔吊、龙门吊等。通常所说的吊车多指汽车吊、履带吊、轮胎吊。

1）汽车吊。汽车吊俗称为随车吊，随车吊的概念是把汽车和吊机相结合，可以不用组装直接工作。它具有方便灵活、工作效率高、转场快的优点。缺点是容易受地形限制、大型设备（1000~2000kg）吊装不能完成。汽车吊如图 8-1 所示。

2）履带吊。履带吊是履带起重机的简称，是一种下车地盘式履带行走机构，靠履带行走的吊车。它具有起重量大，可以吊重行走，有较强的吊装能力等优点。缺点是

图 8-1　汽车吊

图8-2 履带吊

拆装麻烦，起重臂不能自由伸缩，局限性太强。履带吊如图8-2所示。

3）轮胎吊。轮胎吊是利用轮胎式底盘行走的动臂旋转起重机。轮胎吊是把起重机构安装在加重型轮胎和轮轴组成的特制底盘上的一种全回转式起重机，其上部构造与履带式起重机基本相同。汽车吊也是轮胎吊的一种。其优点是车身短，作业移动灵活，工作效率高；缺点是受地形限制、大型设备不能完成。轮胎吊如图8-3所示。

图8-3 轮胎吊

（2）货运车。货运车是指运送货物的汽车，大都有独立的驾驶室和适应所运货物要求的货箱（小型货车的驾驶室与货箱常合为一体），简称货车。用于大宗物资运输，由人力、吊车、叉车装卸，由专业持证人员驾驶到指定位置。货车有长头型、平头型和短头型3种型式。长头型货车便于检修，较安全，驾驶室设在发动机罩之后。平头型货车的驾驶室设在发动机罩之上，与长头型相比，在相同的总长下车厢的装载长度较长；在相同的车厢长度下，总长和轴距较短，转向半径较小，视野较好。货运车如图8-4所示。

（3）四驱越野型皮卡。四驱越野型皮卡由四轮驱动（4wD），通常是指汽车前后轮都有动力，可按行驶路面状态不同而将发动机输出扭矩按不同比例分布在前后所有的轮子上，以提高汽车的行驶能力。一般用4×4或4WD来表示，如果你看见一辆车上标有上述字样，那就表示该车辆拥有四轮驱动的功能。为了有效地避免车轮滑动，除装有轮间差速器外，还配有轴间差速器。这种驱动方式主要用于越野车。四轮驱动分为分时四驱、全时四驱、适时驱动3类。四驱越野型皮卡如图8-5所示。

图8-4　货运车

图8-5　四驱越野型皮卡

（4）四驱方向盘 ADV 车、四驱手把式 ADV 车。四驱方向盘 ADV 车、四驱手把式 ADV 车多用于窄小路，非铺装路面、沙漠、浅滩、水毁、滑坡等地方的小物资运输，目前只需小客驾照可以驾驶。四驱方向盘 ADV 车如图8-6所示，四驱手把式 ADV 车如图8-7所示。

图8-6　四驱方向盘 ADV 车

图8-7　四驱手把式 ADV 车

（5）雪地车。雪地车在极端气候下使用，目前没有管理部门要求有专业驾照。电力输电线路上的导线、铁塔等受到雪和冰的影响，一般的车不能行驶，人员和物资又不能及时到达，借助这种雪地特种车辆才能高速及时地到达目的地，快速完成各种抢险任务。雪地车如

图 8-8 所示。

（6）越野摩托车。越野摩托车是一种在没有铺装的道路、一般的山区、沙漠和碎石面上普遍使用的快速、高效的交通工具，不受路面和气候的影响，把小型的抢险物资、工具和人员及时带到位，具有不可替代的作用。越野摩托车如图 8-9 所示。

图 8-8　雪地车　　　　　　　　图 8-9　越野摩托车

2. 陆路运输装备的维护

车辆在驾驶过程前后阶段，车辆的维护和管理也是一个非常重要的环节。

（1）车辆维护的原则和要求。车辆维护应贯彻预防为主、强制维护的原则。经常保持车容整洁；及时发现和消除故障隐患，防止车辆早期损坏；减少机件磨损，延长车辆使用寿命。保持车辆良好的技术状况可以满足运输生产需要，增加产量，提高效益。

车辆维护必须遵照规定的行驶里程或间隔时间，按期强制执行，即必须严格按规定周期进行维护作业，不应随意延长或提前进行作业。各级维护的作业项目和作业周期的规定，应根据车辆结构性能、使用条件、故障规律、配件质量以及经济效果等情况综合考虑。随着运行条件的变化和新工艺、新技术的采用，维护项目和维护周期经公路运输管理机构同意后，可及时进行调整。

车辆维护作业主要包括清洁、检查、补给、润滑、紧固、调整等。因此，除主要总成发生故障，必须解体（拆开进行检查、测定、处理等）的情况外，车辆维护作业不得对总成进行解体，以免浪费人力、物力，延长作业时间，影响总成或部件的正常技术状况。如果运输单位和个人不具备相应的维护能力时，其运输车辆应在交通运输管理部门认定的维修厂（场）进行维护，并建立维护合作关系，以保证车辆维护质量和按期维护，避免影响或延误运输生产。维修厂（场）必须认真进行维护作业，确保维护作业时间，尽量为运输单位和个人减少车辆在维护（包括待维护）车日。车辆维护作业完成后，应将车辆维护的级别、项目等内容填入车辆技术档案，并签发合格证。

（2）车辆维护的内容。运输车辆维护分为：日常维护、一级维护、二级维护，此外要进行其他维护，如：季节性维护、走合期维护、封存期维护等。

1）日常维护。日常维护是由驾驶员每日出车前、行车中和收车后负责执行的车辆维护作业。其作业中心内容是清洁、补给和安全检视。车辆的日常维护是驾驶员必须完成的日常性工作，主要内容有以下几个方面。

① 坚持"三检"，即出车前、行车中、收车后检视车辆的安全机构及各部机件连接的紧固情况。

② 保持"四清"，即保持机油、空气、燃油滤清器和蓄电池的清洁。

③ 防止"四漏"，即防止漏水、漏油、漏气、漏电。

④ 保持车容整洁。

2）一级维护。一级维护是由维修企业负责执行。其作业中心内容除日常维护作业外，以清洁、润滑、紧固为主，并检查有关制动、操纵等安全部件。

3）二级维护。二级维护是由维修企业负责执行。其作业中心内容除一级维护作业外，以检查、调整转向灯、转向摇臂、制动蹄片、悬架等容易磨损或变形的安全部件为主，并拆检轮胎，进行轮胎换位。车辆二级维护前应进行检测诊断和技术评定，根据其结果，确定附加作业或小修项目，结合二级维护一并进行。

4）其他维护。除了上述日常维护、一级维护、二级维护外，营运车辆还规定要进行季节性维护、走合期维护、封存期维护等。

① 季节性维护。通称换季维护，可在冬季或夏季之前结合定期（一级或二级）维护进行。冬季应采取防冻、保温措施；要调整发

电机调节器，增大发电机充电电流；各总成和轮毂轴承换用冬季润滑油（脂），制动系换用冬季制动液。夏季应加强冷却系统的维护，清除水垢，保证良好的冷却效果；应对汽油发动机供油采取隔热、降温措施，防止气阻；各总成和轮毂要换用夏季润滑油（脂），制动系换用夏季制动液；调整发电机调节器，减少充电电流，检查调整蓄电池电解液密度和液面高度，保持通气孔畅通。

② 走合期维护。新车投产后，或大修车辆出厂后，要做好走合期维护工作。走合期满，应进行一次走合维护，其作业项目和深度，可参照制造厂的要求进行。

③ 封存期维护。车辆封存要定期进行维护。封存时间超过两个月的，启封恢复行驶前，应进行一次维护作业，检验合格后方可参加营运。

（3）车辆维护检测。公路运输车辆二级维护检测分为二级维护前的诊断检测、维护过程中的检测和二级维护竣工检测三类。

1）二级维护前的诊断检测。主要是针对驾驶员的反映和车辆的外检情况，应用仪器、设备对车辆进行不解体检测，以确定二级维护的附加作业项目。此项目由维修企业按照标准执行，出具的诊断报告作为签订维护合同的依据之一。

2）二级维护作业过程中的检测。主要对二级维护生产过程中的车辆维修质量进行跟踪检测，发现问题及时解决，由维修企业按照标准执行，并做出检测记录。

3）二级维护竣工检测。主要针对二级维护及其附加作业项目的作业质量进行检测评定，由汽车综合检测站按标准进行并出具检测报告，作为维修企业质量监督员签发出厂合格证的依据之一。汽车综合性能检测站应严格执行交通部门制定的有关检测标准、规范和程序，由技术负责人签发检测报告。汽车综合性能检测站应严格按当地交通部门会同物价部门制定的检测费标准收取检测费。

二、水上运输装备

水上运输装备是指能实现水域运输装备的总称，常用的水上运输装备有浮动码头、橡皮艇、水陆两栖艇、水陆两栖车等。

1. 浮动码头

浮动码头具有让船只停泊、清洗、维修和人员上下船等功能。以往人们概念中的码头多为钢筋水泥结构，但因为水位经常变化，此种结构的码头往往不能满足要求。浮动码头可以适应不同的水位，始终与水面保持固定的距离，越来越受到青睐。尤其在水域开展应急救援的工作中，由于时间的紧迫性，此时选择合适位置快速搭建临时浮动码头方便救援舟艇停靠，方便实用。

（1）浮筒。浮动码头的主体是浮筒（见图8-10）。浮筒对于中小型码头来说，浮力以及承载力都已足够，就算单层浮动码头不能满足还可以叠加为双层浮筒的浮动码头，两侧用铁框固定，可以大大增加浮动码头的浮力，保证稳定性和安全性。利用浮筒为主体的浮动码头可以根据船体的尺寸，设计出不同的码头。浮动码头铺设木板还可以在一定程度上延长码头的使用寿命。

图8-10　浮筒

（2）浮动码头组成。浮动码头主要由堤岸、固定斜坡、活动梯、主通道浮码头、支通道浮码头、定位桩、供水、供电系统、船舶、上下水斜道、吊升装置等组成。

1）堤岸：钢筋混凝土浇注、砌石或其他结构方式施工，活动梯连接处预埋钢结构铰链装置。

2）钢结构活动梯：主要结构采用热轧槽钢，扶手用方钢管或圆钢管连接，增加受载力，梯面铺设防腐模板。活动梯与堤岸采用铰链连接，活动梯与浮动码头采用活动滑轮接触，滑轮受力区铺设钢板，加强浮动码头钢结构骨架，增加受力面积。

3）主（支）通道浮码头：主要由三部分组成，浮箱（浮力部分），受力钢结构（连接和受载主体），走道（木骨架和木地板）。

4）定位桩：主要有预制混泥管桩、钢桩、灌注桩、木桩等。

5）供水、供电系统：供水用PP塑料管软性连接，供电采用船用电缆、专用防水插头。浮筒间可预埋铺设各式电缆线（管径≤5cm），并于指定位置提供铁制销钉基座，作为灯柱、配电箱等。

（3）浮动码头的优势特点。浮动码头具有安装快速方便、安装人员少；材质轻、运输快；适应水位变化，随水位变化而自动升降；

承重能力强，可重复拆装使用；允许短距离内整体转移安装地点等优势。浮动码头具有质量轻、浮力大、结实、抗冲击力强；耐用，使用寿命长（至少15年）；无缝、无渗水（整个浮筒一次成型）；抗冰冻、紫外线、油污、耐酸碱、环保无污染；安装快速，组合变换灵活，颜色鲜艳美观，安全稳固等特点。

（4）浮动码头的适用范围。浮动码头承受风浪能力：水面风浪5级内为安全使用状况；水面风浪5~7级内须加强安全保护；水面风浪7~10级为限制使用范围。温度：–60~80℃为浮动码头的正常工作环境。

（5）浮动码头用材。

主材：浮筒，高分子高密度聚乙烯材料，上部表面设计防滑花纹，方块造型，四边曲线设计，四角为圆弧钝角造型，颜色：橙、蓝、黑、灰等。

配件：码头配件包含短销、侧面螺钉组、厚垫片、防撞筒、系船栓、缆桩、护栏、固定锚、扶梯等基本配件。如图8-11所示。

图8-11　基本配件

（6）浮动码头承载力。

1）浮动码头垂直承载力。

单层：单体浮筒高度为40cm，每平方米由4个浮筒组成，每平方米100%负载为350kg。空载吃水深2.5~3cm；承载230kg时吃水深15~20cm（安全使用）；承载350kg时吃水深35~40cm（极限状况）。

双层：双层浮筒高度为80cm，每平方米由8个浮筒组成，每平方米100%负载为640kg。空载吃水深3~5cm；承载460kg时吃水深40~50cm（安全使用）；承载700kg时吃水深70~80cm（极限状况）。

2）浮动码头水平承载力（单双层皆同）：浮筒单体侧部静载承受水平挤压力为600N；浮筒单体浮力不小于650N；码头可靠泊船只排水量吨数：船只排水量吨数<100t（安全使用）；船只排水量

吨数 <220t （极限状况）。

（7）浮动码头的锚固方式。水深 <3m 时，于适当位置竖立钢桩固定，再以滚轮滑架连接桩柱，既可防止浮动码头左右横移，又可随水位自动升降；水深 >3m 时，推荐沉锚固定水底，钢缆交叉牵引的锚固方式。

（8）浮动码头的防护设施。在浮动码头船舶停靠点外围辅以网络式球型防碰垫胶系栓，防止船只与码头直接摩擦，以保护船舷表面与浮筒体安全。

2. 橡皮艇

（1）橡皮艇简介。现代橡皮艇诞生于19世纪（见图8-12）。由于其优越的性能，已被当今社会广泛应用于水上休闲、娱乐、钓鱼、捕鱼、应急救援等水上作业。橡皮艇的种类繁多、型号各异，有专门追求速度的高速艇，有完全手动的皮划艇，有体验激流乐趣的漂流艇，有外形朴实的工作艇，有用于垂钓的钓鱼艇，等等。橡皮艇与普通船只的不同在于其体积小巧，船尾添加推进器航速高，可以折叠运输方便等。橡皮艇具有很好的抗沉性，整艇被隔成多个独立气室，

图8-12　橡皮艇

分隔设置气密性高，在个别气室破损时，其他部分仍能保持足够浮力，相邻两个气室甚至更多气室同时破损时，整艇仍有一定浮力，即使船艇灌满水时，仍能浮于水面。橡皮艇的设计制造中有专门的稳定性测试，加上两侧有浮力胎，艇体横向倾侧入水的可能程度很小，在最大载重即使还有较大的风浪时也不会横向倾覆。

（2）橡皮艇的用材。橡皮艇根据用材并结合相关制作工艺考虑可以从以下几个方面介绍：第一类属于热合成的，这类橡皮艇价格较低，品质及耐用程度相对较差，危险系数高，此类艇市场售价一般都为几百元。第二类是胶粘的，这类橡皮艇一般都用 PVC 材料。采用 PVC 材料的橡皮艇在市面上比较常见，其特点在于外观艳丽，价格也比较实惠，一般在几千元左右。根据原材料的厚度不同所导致的

价格也有所差异，比较好的 PVC 材料都是中间夹带网格布的，质量和安全系数都比较高，但是时间长了，PVC 材料容易老化。第三类是橡胶材料的橡皮艇，目前多用于军用和应急救援，该材料和汽车轮胎耐用程度差不多，十分结实。这种橡皮艇只能从部队退役的军用品中可以买到，价格也比较昂贵。不过，现在国外已经淘汰此类军用橡皮艇。第四类是海帕龙材料的橡皮艇。海帕龙材料比 PVC 材料更加耐久，并且性能更好，但是由于价格非常昂贵，基本上在几万元甚至更高，所以只有专业的组织机构或者军方采购，目前在国内市场上也非常少见。

（3）橡皮艇的动力。

图 8-13　汽油挂机

1）汽油挂机。汽油挂机，通常称为舷外机（见图 8-13）。因其体积小、重量轻、功率大、结构及安装简单携带方便，在小型高速纤维增强塑料船（简称玻璃钢船）橡皮艇上作为动力装置被广泛选用。舷外机安装在船舷之外，悬挂在尾板之上，最顶部为发动机，发动机曲轴连接立轴，最后通过横轴输出到螺旋桨。这种机器在转向时，整个发动机都随同转向装置左右摆动，由于螺旋桨直接随驱动装置转向，所以灵活性极强。按其功率分为 6、8、15、30、40、60、85、90、115、150、200hp 不等型号。一般是水冷发动机，分为二冲程或四冲程汽油机舷外机。

2）橡皮艇动力匹配。所谓橡皮艇动力匹配，是指不同规格的橡皮艇如何与不同动力的舷外机相匹配。舷外机安装以前应了解艇的设计功率，大多数艇都规定了最大允许功率和负载（注意：舷外机在超过艇的极限功率的情况下使用，会产生以下后果：①艇高速航行时船舶失控；②船尾板超负荷导致艇的动稳性改变；③艇体破裂，如在艇的艉封板部位产生裂缝，舯后船底板产生纵向裂纹甚至龙骨断裂）。

其实，舷外机马力的大小和艇的自身因素是成正比的。例如，艇的尺寸、类型、载重，等等。中艇 CNT 系列橡皮艇是按照长度区分的，可以参见表8-1。

表8-1 中艇 CNT 系列橡皮艇按长度分类

长度	地板材质	气室数	最大动力（hp）	推荐动力（hp）
2.0m 2人橡皮艇	船甲板	3+1	3.5	2
2.5m 2~3人橡皮艇	船甲板	3+1	5	4
2.7m 3~4人橡皮艇	船甲板	3+1	8	6
3.0m 4~5人橡皮艇	船甲板	3+1	10	8~10
3.3m 5~6人橡皮艇	船甲板	3+1	18	15
3.6m 6~7人橡皮艇	船甲板	3+1	25	15~20
4.2m 7~8人橡皮艇	船甲板	4+1	30	25
4.7m 8~9人橡皮艇	船甲板	5+1	40	30

注 表中最大动力是指不同规格橡皮艇对应舷外机的最大动力配置，出于安全考虑一般采用推荐动力。舷外机动力过大不但不会带来预期效果，反而会给人造成不必要的伤害甚至危及生命安全。

3）舷外机的安装和检验。

① 将舷外机安装在船艉板的中心垂线上。如果为两台舷外机，应使其间距在580mm以上。发动机不能在船艉板上正确定位，将引起船的横倾，影响艇的航向稳定性，在航行时发生偏舵现象。

② 在正常的滑行航行和使用条件下，舷外机安装高度应使其防涡凹面板位于船尾平板龙骨以下0~25mm。发动机安装高度过高将导致螺旋桨空转而降低效能，并且可能引起发动机过速、冷却水不足而导致发动机过热、损坏等故障；安装高度过低，则会增加航行阻力，降低发动机推进效率。对于特殊用途的艇，如用于载重转运物资的低速船，为避免螺旋桨产生空泡现象而造成推进效率损失，其安装高度允许防涡凹面板位于平板龙骨以下25~50mm。

③ 舷外机在艇上正确定位后，应用贯穿螺栓、夹紧螺栓（随机件）或其他等效措施将舷外机可靠地固定在艉封板上。穿孔部位应使用密封胶防止船艉板渗漏，并确认螺母上紧。舷外机磨合期结束后应重新上紧螺母，并定期检验船艉板有无渗漏，螺母是否松动。

4）遥控装置的安装和检查。发动机遥控装置的零配件一般由发动机制造商提供，对其规格和安装要求有具体说明。

① 应按照说明书要求，安装操舵装置及换挡控制盒。由于小艇

驾驶台位置较小必须合理布置，使驾驶人员能方便地使用操纵装置。确保所有的档杆手柄位置、控制装置、方向盘及仪表板之间都有充裕的操作空隙。

②操舵软轴的长度应合适，避免急剧弯曲造成软轴折断或软轴过长造成操舵阻力增加。安装时将舷外机置于中间位置，将方向盘正确定位使左右操舵圈数近似相等。操舵软轴的输出顶杆应用耐水油脂加以润滑，并用专用的自锁型固定螺母将操舵软轴、舵机连杆和发动机正确地连接。安装完毕后应检查在舷外机转动、起翘、倾斜时舷外机的任何部分与舵机连杆之间无任何妨碍。

③油门及挡位控制的软轴长度适当。为避免软轴连接端折断故障，建议在油门、挡位软轴连接发动机前绕一个直径大于40cm的圈，然后与油门和挡位相连较为安全、可靠。安装后应确认遥控手柄位置与发动机化油器、挡位杆位置同步。由于软轴杆有部分空行程，初次安装使用一段时间后有可能产生不同步现象。如遥控手柄挂挡后发动机的挡位杆不能正确到位有可能造成齿轮箱误动，甚至离合器因齿轮啮合不良而损坏的故障。因此软轴安装后应重复操作数次或磨合期结束后重新检查和调整软轴的连接。

安装完毕后应检查发动机在所有角度下转向、起翘和倾斜时软轴的安装没有任何绷紧和急剧的折弯。

5）燃油系统、电气系统的安装要求。《内河汽油挂机船检验规则》（以下简称《规则》）规定30L以下的油箱可为手提式，并应设置液位表、出油管、注入管、过滤网和装有透气阀的油箱盖；大于30L的汽油箱要求汽油箱应为固定式，并应设置如下附件：进油管及过滤网、制荡板、液位指示表及传感器、出油阀和透气管及防火网，不允许设置任何泄漏管。所有油箱应以40kPa的压力进行压力试验并无任何漏泄。燃油系统的每一零部件都应有足够的强度，且它们的安装应使其能承受可能遇到的冲击和振动而不会发生漏泄，其制造材料应具有抵抗所处环境腐蚀及温度影响的能力。一般橡皮艇随机配置的燃油箱容积通常为25L，基本上能满足上述要求。

所有的电缆应采用船用滞燃电缆或电线，且安装整齐、可靠固定，避免擦伤或机械损坏。接至舷外机的电缆束长度应合适，在发动机转向或倾斜时不应受牵制。除舷外发动机配置的电缆电路外，所有另外的附属电路均应有独立的短路保护，并独立地接线至蓄电池。所有接头应安全可靠，开关、熔断器和其他容易产生电弧的电气设备不应装在蓄电池处。蓄电池应选用舷外机使用手册推荐的型号，并应安全地固定在船上。

（4）橡皮艇清洗与储存。橡皮艇拆卸完毕后，船及其部件须用中性洗涤剂洗净并用清水冲干净（注意：清洗橡皮艇时不可用蜡、含乙烯基溶剂、化学品、含氯、酒精的清洁剂和汽油清洗船身，所有船体都可用肥皂和清水清洗）。检查木质部分是否有损害或磨损，面漆是否完好。如表面有划痕或磨损时要用船用清漆修补。清洗检查完毕待所有部分晾干后放入便携袋防止发霉。为了使船光亮如新，需将船存放于阴凉干净处，避免太阳直射。储存过程中为避免受损，不要在船只上面放置重物并防止小动物破坏船身。此外，如果船体采用PVC材料，则出厂前已加有防紫外光涂层，如每半年全船喷防紫外光剂一次，可延长橡皮艇使用的年限。另外，橡皮艇如需长期存放，最好把艇内气体排出。

（5）橡皮艇修补。当橡皮艇出现小范围的撕破、割破及小孔时，小于1/2英寸（12.7mm）小漏洞或小孔的修理需用直径值最小为3英寸（76.2mm）的圆片来修补。修补前，应保证修补片和船只表面必须是干燥的，无灰尘及油脂。再将船只内的气体排出，确保割破或撕破的地方平放在地上。然后在船和修补片上均匀地涂上三层薄薄的黏合剂，每涂一层间隔5min。等涂上三层后10~15min，再将修补片对准破损处粘贴。粘贴后再用吹风机加热使修补片黏合剂变软。最后用硬的圆棍滚压修补片处即可。修补后至少24h才能将船只充气。另外，如需大范围的修补，如缝隙、防水壁及船尾肋板破损，建议拿到有资质的充气船维修中心进行维修。

（6）橡皮艇使用须知。橡皮艇的使用者必须熟悉国家有关驾驶和使用橡皮艇的法律、法规，海洋法规和安全守则。可能影响橡皮艇使用的因素包括如下方面：行船地点和当地政府要求，船只的用途，行船时间，行船环境以及船只的尺寸、航速、航线、类型（动力型、手划型等）。

在良好遵守橡皮艇使用的各项政策、法律、法规后，还需注意以下安全事项：饮酒后或服药者最好不要使用橡皮艇；使用橡皮艇之前要了解天气和周围环境以及当地水域情况。如：风向、风速和潮汐等；配备适量救急药物以及艇上的救急设施都要按有关规定准备好；检查艇身、船桨和其他配件是否有损坏，气压是否充足安全，并装备必要的基本设备如充气泵等；使用者应穿上救生衣并佩带救生浮具；艇上的载重要均匀，艇载不能超负荷；不可使用与艇不匹配的舷外机，舷外机动力不能超过额定功率；出发前务必向有关组织、家人或朋友告知出发的时间、地点和返程时间；如果在夜间行驶或防止天气突变，须配备航海用的照明灯，并注意在夜间不要做任何冒险行为；如需长途使用，要增加救急等设备以及照明工具、药箱和足够的食物和水；操作舷外机时切勿突然加速或减速，舷外机使用不当有可能会导致艇身破裂，容易造成人员受伤甚至死亡；在驾驶橡皮艇时要留意周围的游泳人士，切勿接近或让游泳人接近船的周围尤其是船尾部分；此外，使用橡皮艇还需注意保护环境，要留意在使用时流出的汽油和汽油渣滓，处理好油漆、除漆剂或清洁剂等。

3. 水陆两栖艇

为提高日益频繁的城市内涝以及水灾等自然灾害应急救援能力，减少生命财产的损失，水陆两栖艇应运而生。水陆两栖艇多应用于应急抢险、城市内涝、水自然灾害、边防巡逻、环境保护等领域（见图8-14）。

图8-14　水陆两栖艇

（1）水陆两栖艇。水陆两栖艇船体和两栖系统采用最高等级的海洋工业级的合金材质独特的三体船设计，船体有4个独立隔舱，具有防沉性。在水中具有极高的稳定性；甲板前部拥有大于4m²（2.0m×2.1m）的超大空间工作平台，可装载担架等各种救援物品并且配有可拆卸的储物柜；水陆两栖艇使用全新研发的 Sea Kote 和 Sea

Seal 保护技术，使水陆两栖系统能够年复一年地稳定运行；两栖系统采用 PLC 控制，液压驱动，具有转向助力，系统整体密封抗腐蚀，终身免维护轴承，能够适应长时间高强度的作业，操控容易；水陆两栖艇采用全时四轮驱动，配有智能驻车系统，对复杂地形具有较好的适应性和通过性，并且具有较低的地面压力；工作过程中可在水面及陆地间快速切换，工作人员不需要变换登陆和下水设备，在扩大工作范围的同时又能无缝连接。

（2）水陆两栖艇检查。在操作之前，需做好以下几点检查确认的工作。

1）燃油充足，特别是舷外机的燃油。

2）驱动和收放装置驱动和收放装置的汽油机、液压系统的润滑油正常。

3）轮胎没有缺气和破损，无卡压现象。

4）所有坚固件无松动。

5）救生装备齐全且无破损。

（3）操作步骤。

1）舱内机的启动：将开关从关闭状态旋转至开启状态（绿色区域），钥匙旋转至中间位置。按下启动开关（POWER UNIT ON），观察机器是否正常运行。按风门按钮（CHOKE）给油给发动机，然后按发动机启动按钮（START），启动发动机。

2）舷外机的启动：通过操作手柄（操作台右侧）将舷外机放下，顺时针转动钥匙，启动舷外机。在陆地行驶的时候，要观察周围的环境，注意行人和路线。发动机启动后，按 RPM UP 按钮，提高发动机的转速，增加前进的动力。关闭刹车系统（BRAKES OFF），打开转向助力开关（POWER STEER ON）。握住控制手柄中部，向上轻提手柄并推动手柄控制两栖艇的前进与后退。向前推动手柄，两栖艇向前行驶，向后推动手柄，两栖艇向后行驶。通过改变手柄的推动幅度来控制两栖艇的行驶速度。操作手柄位于中间时，两栖艇停止行进。车轮的升降也是一键式的操作，简单快捷。按前轮上升按钮（BOW WHEELS UP），前轮上升。可以持续按下按钮，也可以点动式按下按钮，使轮子达到理想的位置。按前轮下降按钮（BOW

WHEELS DOWN），前轮下降。按后轮上升按钮（STERN WHEELS UP），后轮上升。按后轮下降按钮（STERN WHEELS DOWN），后轮下降。当两栖艇入水，水位超过舷外机循环水的进水口后，通过操作手柄，放下舷外机并启动舷外机，入挡低速行驶。当轮子和地面脱离后，调整控制手柄到中间位置，使轮子停止转动，然后，按下升降按钮，将前、后轮按照前文所述升起，并把舱内发动机熄火。在水中启动舷外机后，握住操作手柄（操作台右侧）下方的按钮，向外拉动手柄并向前推动，使螺旋桨开始工作。前进时，通过方向盘来控制两栖艇前进的方向。

（4）清理维护。对设备适当的清理和维护可使设备能更长久地使用。首先我们要清洁船身，将高压水枪连接上水管，打开开关，对船身周围进行冲洗，并可用抹布进行擦洗。清理前后轮时，注意轮子内侧及各零件的角落和连接处，仔细清理，尽量将所有泥沙都冲洗干净。接着是舷外机的清理，将水管连接上专用的连接头（在操作台右下方的储物箱中），将连接头插在舷外机的入水口处，启动舷外机，使水在舷外机内部循环清洗，直到舷外机中排出的水中无泥沙等杂物。舷外机清理结束后，关闭舷外机。

（5）注意事项。

1）操作人员不得违规操作两栖艇，防止发生危险。

2）操作人员应随时检查油量表，避免在运行中出现断油的情况。

3）除专业操作人员外，其他人员不得随意操作两栖艇。

4）两栖艇上必须配有符合规定的灭火器，并放在固定的位置。

5）两栖艇上必须配有足够数量的救生设备，如：救生衣、游泳圈等。

6）如有乘员掉落，应立即停止行驶，实施救援。

7）乘员必须听从操作人员的指挥，行驶过程中不得随意在舱内走动。

8）乘员登艇时，必须穿着救生衣。

9）两栖艇行驶中，乘员应握紧扶手，以防掉落。

10）乘员万一掉落，应保持冷静，等待救援。

4．水陆两栖车

（1）水陆两栖车简介。水陆两栖车如图8-15所示，能在水上、山丘、沼泽、雪地、森林、沙漠等各种恶劣地形中自由行驶，并能在±40℃的超常规温度环境下连续作业。独特的功能、先进的技术使其在水灾、旱灾、冰雪等灾害及由其引发的其他自然灾害等救援中发挥重大作用。车身尺寸3160mm×1720mm×1150mm，轴距/轮距670mm×670mm×670mm/1420mm，额定载重陆地为：500kg（或6人），水上为：300kg（或4人）。

图8-15 水陆两栖车

（2）车辆保养与存放。正确地维护保养是确保车辆性能良好、驾驶安全及延长车辆使用寿命的有效手段。由于车辆行驶路况和使用环境的差异，必须进行日常保养和定期保养。

1）日常维护保养项目见表8-2。

表8-2 日常维护保养项目

序号	类别	检查项目	调整内容
1	行车制动器	有效性检查	制动片在磨损限度内 制动液充足，无泄漏情况
2	驻车制动器	有效性检查	各种影响安全性能的紧固件
3	转向机构	操作灵活性	
4	发动机转速	怠速情况	850r/min±50r/min
5	油门线	转动灵活，回复自如	油门钢索自由间隙：3~6mm
6	轮胎	胎压及胎纹深度	胎压：标准5~7psi 胎纹深度 极限：最薄处≥2mm
7	传动链条	是否有异响或碰撞声音	链条松紧度
8	灯光	开关闭合，灯光是否正常	发现异常，更换
9	蓄电池	电压是否正常	充电或更换
10	机油	是否漏油	加油或放油
11	轮轴/轮毂	松动	专用扳手拧紧

2）定期维护保养项目见表8-3。

表8-3　定期维护保养项目

周期 项目	首次50h	每100h	每200h
发动机油	更换	检查	更换
变速箱油	更换	检查	更换
空气滤清器	清洁	清洁	更换
燃油滤清器	—	—	更换
机油滤清器	更换	—	更换
无级变速器	检查	检查	—
轴承	检查	润滑	—
火花塞	检查	检查	—
传动带	检查	检查	—
无级变速器 CVT	检查	检查	—
涨紧装置	检查	检查	—
轮轴	检查	—	检查
制动液	检查	检查	—
制动盘	检查	检查	—
驻车制动器	检查	检查	—
蓄电池	检查	检查	—
紧固件	检查	检查	—

3）清洗与存放。

清洗车体：用高压喷枪或水管冲洗车体，然后用毛巾擦洗，污垢较多时可用家庭普通清洁剂（洗衣粉），再用水漂洗干净；清洗车底：车辆使用较多时，车厢内底部会有部分污水等杂质渗入。清洗车厢底部时，先将车体后端底部两个放水孔打开，用高压喷枪或水管将车厢底部冲洗干净，车底晾干后，用链条润滑剂润滑驱动链条，并将放水孔旋紧。注意：车辆发动机舱和副驾驶座下面布置有大量电路系统，禁止使用高压水枪冲洗。可用干毛巾擦洗。

当车辆需要长时间存放时，需要做好以下准备工作：洗车；给所有的链条、链轮、轴承涂上油脂；将油箱内燃油排放干净，可以从加油口插入一根吸管排干后，或启动发动机运转到系统所有燃油耗尽；切开蓄电池电源，或将蓄电池拆下并擦洗干净，并用充电器将蓄电池充满电。最后套上电池套。用车罩将车辆罩住，防止灰尘等杂物进入车厢。注意：蓄电池应每月充电一次；如果车辆不能完全遮盖，必须将放水孔打开。

三、空中运输装备

空中运输装备是指能实现物资空中运输、设备巡检装备的总称，目前最常用的是直升机运送，长途借用民航运输机和客机的方式，巡检直升机和无人机用于电力设备的观测和评估。

1. 直升机

直升机主要由机体和升力（含旋翼和尾桨）、动力、传动三大系统以及机载飞行设备等组成。旋翼一般由涡轮轴发动机或活塞式发动机通过由传动轴及减速器等组成的机械传动系统来驱动，也可由桨尖喷气产生的反作用力来驱动。直升机的突出优点是可以做低空（离地面数米）、低速（从悬停开始）和机头方向不变的机动飞行，特别是可在小面积场地垂直起降。由于这些特点使其具有广阔的用途及发展前景。跟普通飞机相比，直升机的缺点是振动和噪声较高、维护检修工作量较大、使用成本较高，速度较低，航程较短。电网企业常用的直升机有运输直升机和巡检直升机。

（1）运输直升机。运输直升机在特殊地区的物资输送和大江大河上的大跨越架放线作业已普遍使用，当发生突发灾害，运输道路受阻时，使用运输直升机将应急物资、抢修工具、抢修人员迅速运到救援现场，可及时恢复供电，可减少人员伤亡和财产损失。运输直升机如图8-16所示。

图8-16　运输直升机

（2）巡检直升机。直升机航巡作业是指直升机装备陀螺稳定的可见光检测仪与红外热成像仪，由一名航检员操作对输电线路进行检查和录像，另一名航检员操作防抖晃望远镜对线路进行检查。它具有高速、高科技、反应快、可靠、受地域及地形影响小等优点。每次航巡检查由两名航检员操作，其中一名航检员进行红外检查，另一名航检员利用望远镜检查。发现线路缺陷或可疑点时利用红外设备、望远镜、照相机进行检查与拍摄。飞机由一名飞行员驾驶。

从目前科技发展水平看，直升机巡线可以将稳定的可见光图像与

图8-17　巡检直升机

红外热成像有机地结合起来，达到了目前最佳的巡视和检测效果。另外，对于事故抢险情况下，使用直升机巡线、运送人和物，机动性强，可以快速反应，减少停电时间，经济效益、社会效益也会很明显。是最适合长距离、恶劣地形输电线路的巡视方法。巡检直升机如图8-17所示。

2. 运输机

运输机是一种用于长距离、快递运送抢险救灾人员、物资的飞机。具有较大的载重量和续航能力，能实施空运、空降、空投，保障地面抢险作业人员从空中实施快速机动补给及移动；它有较完善的通信、领航设备，能在昼夜复杂气象条件下飞行，在抢险救灾中起到非常重要的作用。电网企业在抢险救灾中如要使用一般是借助国家民航或军方，企业单位不具备购置、保养、存放条件。运输机如图8-18所示。

图8-18　运输机

3. 巡检无人机

巡检无人机装配有高清数码摄像机和照相机以及 GPS 定位系统的无人机（见图8-19），可沿电网进行定位自主巡航，实时传送拍摄影像，监控人员可在电脑上同步收看与操控。采用传统的人工电力巡线方式，条件艰苦，效率低下，一线的电力巡查工偶尔会遭遇"被狗

图8-19　巡检无人机

撵、被蛇咬"的危险。无人机实现了电子化、信息化、智能化巡检，提高了电力线路巡检的工作效率、应急抢险水平和供电可靠率。而在山洪暴发、地震灾害等紧急情况下，无人机可对线路的潜在危险，诸如塔基陷落等问题进行勘测与紧急排查，丝毫不受路面状况影响，既免去攀爬杆塔之苦，又能勘测到人眼的视觉死角，对于迅速恢复供电很有帮助。

巡检无人机利用搭载了高清拍摄装置的无人机对受灾地区进行航拍，提供一手的最新影像。无人机动作迅速，起飞至降落仅7min，就已完成了100000km^{2}的航拍，对于争分夺秒的灾后救援工作而言，意义非凡。此外，无人机保障了救援工作的安全，通过航拍的形式，避免了那些可能存在塌方的危险地带，将为合理分配救援力量、确定救灾重点区域、选择安全救援路线以及灾后重建选址等提供很有价值的参考。此外，无人机可实时全方位地实时监测受灾地区的情况，以防引发次生灾害。

第二节　后勤生活保障装备

后勤生活保障装备是指为保障救援人员正常生活所需的装备的总称。电网企业在野外作业后勤保障及生活设施上目前大多采用成品的工作餐车、营地帐篷等。

一、自行式、拖挂式餐车

一般车内配备蒸饭车，双眼或单眼灶台，洗菜池，冰柜，净水箱，污水箱等餐厨必备设备。采用液化气、燃油、柴火、太阳能、电能作燃料。非常适合野外作业人员的集中就餐。简洁大气的外观，合理的内部布局，全不锈钢的内饰，是一种干净卫生的炊事车。

自行式餐车主要用于在野外条件下提供饮食保障的专用车辆。自行式炊事车、野战主食加工车、野战面包加工车、食品冷藏车和保温车、野战给养器材、热食前送器具、班用小炊具和单兵炊具等，构成了加工、储存、分发、前送相配套的战场饮食保障装备体系，大大提高了机动饮食保障能力，满足了野外作业人员的各种情况下的饮食保障需求。自行式餐车如图8-20所示。

（a）

（b）

图8-20　自行式餐车

二、营地帐篷

在发生自然灾害、重大事故、突发事件及日常训练演习中，要求应急救援队员在第一时间到达灾害现场，准确判断灾情，制订初步应急处置方案、实施应急救援，在最短的时间内搭建起应急指挥部、应急队员生活休息帐篷、应急抢修基地、伤员临时处置区等，为进一步抢险救灾创造条件。电网企业在应急救援过程中常用的营地帐篷有军用充气帐篷和单人帐篷。

1. 军用充气帐篷

军用充气帐篷属于帐篷的一种（见图8-21），主要用于防潮、防水、抗风、防尘、防晒、抢险救灾、野外短期训练、野外短期作战

图8-21　军用充气帐篷

等。军用充气帐篷采用结构力学的原理设计框架，利用气体压强特性将气囊膨胀形成具有一定刚性的柱体，经过有机组合撑起帐篷的骨架。随着采用的骨架材料的强力大小，可以设定帐篷的承重大小；采用高分子涂层的性能优劣，决定着框架的使用寿命与框架刚性的维

持；而气室设定的合理性，则决定着这个框架的撑起极限。

（1）性能、结构。

1）帐篷规格：4×3、4.5×4.6、6×4.6、7.5×4.8、10×4.8。方管支架为25、30喷漆，管厚为标准1.2mm，方管结构相对稳固（边高1.8m，顶高3m，能支上下铺）。

2）帐篷结构合理，使用安全可靠，可同时承受8级风和6cm厚积雪荷载。

3）帐篷采用钢架结构，构造简单，展收方便，25min左右/4人即可架设或撤收完毕。

4）帐篷（布包＋钢架共4件或5件），所有零部件全部集装布包内，形态规整，便于随车远程携运或人力短途运输。

5）帐篷整个用军绿帆布和牛津布（冬暖夏凉），中间使用毛毡，内衬白布，做工以军品帐篷为标准。窗户设有纱网，具有防蚊虫、通风等功能。窗户配有有机玻璃板，夏天用可防风采光，冬天用可采光保温。

（2）特点。做工以军品帐篷为标准（用料扎实）。顶部面料为三防布，山墙、围墙面料为加厚棉帆布，中间使用加厚毛毡，内衬白布。门窗（纱窗）开启面积大，具有防潮、防尘、通风等功能（冬暖夏凉）。支杆为焊接3cm×3cm方管，使用高氧焊接方法，做防锈处理。帐篷采用钢架结构，构造合理。标准帐篷高1.5m，特制帐篷高1.8m（可放上下铺）。产品采用胶粘剂粘合与高频热合相结合的工艺生产，气柱采用PVC双面涂层布，篷布采用防水、抗紫外线材料。具有成型快、强度高、防燃、防霉、抗紫外线、防潮等优点。帐篷为充气帐篷，帐篷框架为气柱结构，较之一般金属支架帐篷，具有体轻、折叠后体积小、方便易携带等特点。

（3）规格。

3系列标准帐篷：3m×2m，3m×4m。

4.5系列标准帐篷：4.5m×5m，4.5m×7.5m，4.5m×10m。

5系列标准帐篷：5m×4m，5m×6m，5m×8m。

5系列特质帐篷：5m×4m，5m×6m，5m×8m。

2. 单人帐篷

图8-22 单人帐篷

单人帐篷是指撑在地上遮蔽风雨、日光并供个人临时居住的棚子（见图8-22）。多用帆布做成，连同支撑用的东西，可随时拆下转移。帐篷是以部件的方式携带，到达现场后加以组装，它具有重量轻、便于携带、容易安装等优点。

（1）性能、结构。

1）面料：多为涤丝纺面料，市面上一般为210T涤丝纺、190T涤丝纺，质量好坏以其厚度和经纬密度为标准，防水面料技术指标以防水程度为准。

2）底部材料：一般采用PE最为常见，质量好坏主要看它的厚度和经纬密度。较好比较高档的用牛筋面料，防水处理至少要在1500mm以上。

3）支持骨架：常用的为玻璃纤维杆，有6.9/7.9/8.5/9.5/11/12.5一系列的。越粗刚性越强，柔润性越弱。所以纤维管的支架选择是否合理是根据其地面的尺寸和高度的比例决定的，过粗过细都容易折断。特点是轻、携带方便，主要还是不易折，如果质量不好容易弯曲变形。

（2）日常保养。帐篷使用后清理、维护也很重要，它关系到帐篷的使用寿命，也直接影响着以后的使用，清理帐篷应按以下程序进行。

1）清理帐篷底面，擦净泥沙，如有污染可用清水轻微擦洗。

2）晾晒帐篷内外帐，待其恢复干燥后再收起来，如来不及将帐篷凉干，切记一定不能久存，以免着色和霉变，一有条件，立即晾晒。

3）清理撑杆的泥沙。

4）检查帐篷附件及完好程度。

5）不宜用洗涤用品清洗以免影响防水效果。

（3）维护。

1）帐篷在使用后除了应及时清洗掉灰尘和附着物外，还应将面料两面的水气都擦拭掉，待完全干燥后再进行折叠存放。如未完全干燥就存放的话，很容易使面料霉变和发生粘连等问题。影响帐篷的使用寿命。

2）帐篷在完全干燥折叠存放后，尽量不要将其他物品压放在帐篷上，以免造成防水胶条材料折弯处永久性疲劳而产生脱胶现象。

3）定期或不定期地将帐篷拿出来晾晒（避免阳光直晒）半天，重新整理后再折叠存放，这样做的好处是，能够防止帐篷面料霉变和粘连，更能使帐篷折弯处防水压胶条不会产生永久性疲劳，延长帐篷整体使用寿命。

4）帐篷清理完毕后，用原装收纳袋进行压缩存放的方法是不可取的。

（4）安全注意事项。注意内帐、外帐的门可要朝一个方向，4个角挂在内帐的4个角上（在插帐杆的位置附近，你可以找到挂的地方），也有的是把外帐的4个角也用地钉钉在内帐4角附近，看看外帐是否还有挂环可以钉地钉，要让外帐也紧绷绷的，和内帐没有贴着的地方，这样下雨的话，内帐才不会湿，而且由于呼吸，早晨外帐上会结一层露或霜，不贴着也不会弄湿内帐，不过也有不好的帐篷霜会结在内帐的啊，早起一动，帐篷里就要下雪了。

外帐上还有一些绳子，是用来加固帐篷的，没有大风一般可以不拉，不放心最好拉上，也用地钉，几根绳子用力均匀地拉好。早晨起来，若天好，最好不要立即收帐篷，稍微晾干一下，要是淋了雨，回家一定要记着摊开晾干，否则会发霉的。收帐篷先拆外帐，把内帐的地钉拔掉后别急着拆帐杆，把门打开，帐篷举起来抖抖，把里面的土倒掉，然后放在地上，把两根帐杆都摘下一个头，这就可以把帐篷铺平了，把帐杆从一头推出来，别拉，帐杆是插起来的，一拉就散了。最后把帐杆折叠起来，内外帐收好放回袋子，别丢地钉。

第九章

医疗救护装备

第一节　急救药箱

一、简介

急救药箱是指一个专门用来存放药品、医疗工具的箱子（见

图9-1　急救药箱

图9-1）。当中的隔层用于区分内服药品、外用药品、各种医疗工具，以免混淆。有效的区分可以令抢救员快速拿取到相应的药品对伤员进行抢救。

家用药箱是指将急救或常用药品及各种常用的医疗器具集中存放的箱子，一般是用于家庭，也可用于单位、工厂、野外作业等地方。急救药箱应该配上锁扣，以免小孩碰触而误吞食。医用药箱是指医生专门使用的应急

药箱，而且是便携式的，承载量应该在3kg左右，内装一些比较专用的工具、药品，对伤者进行初步治理，然后送到医院。及时的抢救可令伤者存活率大大增加。

特点：携带方便、抢救设备齐全，轻便小巧。

急救箱的其他内容：手电筒，水，火柴，压缩饼干，计时用具（如手表），止血带，若条件允许应有通信工具。

二、小型药箱规格

（1）酒精棉：急救前用来给双手或钳子等工具消毒。

（2）手套、口罩：可以防止施救者被感染。

（3）0.9% 的生理盐水：用来清洗伤口。基于卫生要求，最好选择独立的小包装或中型瓶装的。需要注意的是，开封后用剩的应该扔掉，不要再放进急救箱。如果没有，可用未开封的蒸馏水或矿泉水代替。

（4）消毒纱布：用来覆盖伤口。它既不像棉花一样有可能将棉丝留在伤口上，移开时，也不会牵动伤口。

（5）绷带：绷带具有弹性，用来包扎伤口，不妨碍血液循环。2寸的适合手部，3寸的适合脚部。

（6）三角巾：又叫三角绷带，具多种用途，可承托受伤的上肢、固定敷料或骨折处等。

（7）安全扣针：固定三角巾或绷带。

（8）胶布：纸胶布可以固定纱布，由于不刺激皮肤，适合一般人使用；氧化锌胶布则可以固定绷带。

（9）创可贴：覆盖小伤口时用。

（10）保鲜纸：利用它不会紧贴伤口的特性，在送医院前包裹烧伤、烫伤部位。

（11）袋装面罩或人工呼吸面膜：施以人工呼吸时，防止感染。

（12）圆头剪刀、钳子：圆头剪刀比较安全，可用来剪开胶布或绷带。必要时，也可用来剪开衣物。钳子可代替双手持敷料，或者钳去伤口上的污物等。

（13）手电筒：在漆黑环境下施救时，可用它照明；也可为晕倒的人做瞳孔反应。

（14）棉花棒：用来清洗面积小的出血伤口。

（15）冰袋：置于瘀伤、肌肉拉伤或关节扭伤的部位，令微血管收缩，可帮助减少肿胀。流鼻血时，置于伤者额部，能帮助止血。

三、注意事项

一般医用药箱里应该备有抗心绞痛的药物，以防万一。常用药还包括治疗感冒、发烧、腹泻、牙痛的药物。此外，还须有一些外用药，如眼药膏、伤湿止痛膏以及处理小的外伤的用品。

急救药箱应根据野外作业成员的人数、年龄、健康状况、季节来配备：春天备些抗过敏药，夏季备些中暑及防蚊虫叮咬药，秋天备些止泻药，冬季备些防治感冒、哮喘、胃病的药品。药箱中还应该有一些常用的小器械，如血压计、听诊器、体温计等。

四、常用中型急救箱内配置清单

常用中型急救箱内配置清单见表9-1。

表9-1 常用中型急救箱内配置清单

物品	数量	物品	数量
生理盐水（冲洗用）	1瓶	云南白药	1瓶
医用镊子	1把	聚维酮碘	1瓶
医用剪刀	1把	红花油	1瓶
医用手套	2双	烫伤膏	1瓶
胶布	2只	消炎膏	1只
纱布（大小）	20块	藿香正气水	1盒
棉花球	30个	肤轻松软膏	1支
三角巾	3块	扑感敏	10片
棉签	3包	克痢痧	1盒
创可贴	20只	黄连素	1瓶
普通绷带	2只	氧氟沙星	10片
弹力绷带	1只	酒精棉球	20个
止血带	2根	一次性口罩	10只
敷贴（大小）	6只	止痛膏	1盒
注射器	4只	急救包	1只
体温计	两只	电子血压计	1只
小夹板	若干	踝足固定带	1只
冰袋	2袋	手电筒	1只
人工呼吸面膜	5只	呼吸面罩	1只
便携式氧气瓶	1只	鼻导管	2副

五、现场医用药箱外常用药物指导目录

现场医用药箱外常用药物指导目录见表9-2。

表9-2　现场医用药箱外常用药物指导目录

1. 防中暑药物					
人丹	十滴水	藿香正气水	清凉油	藿香正气丸	风油精
2. 皮肤科用药					
达克宁软膏	炉甘石洗剂	红霉素软膏	阿昔洛韦软膏	足光散	扑尔敏
肤轻松软膏	西替利嗪	季德胜蛇药片	地塞米松		
3. 外科用药					
创口贴	青鹏软膏	聚维酮液	湿润烧伤膏	正骨水	双氧水
红花油	高锰酸钾片	云南白药气雾剂	75% 酒精	扶他林软膏	麝香镇痛膏
百多邦软膏	麝香追风膏				
4. 其他类					
珍珠明目液	络贝林	氯霉素眼药水	尼可刹米	红霉素眼膏	地塞米松针
肾上腺素	阿托品针	10% 葡萄糖	50% 葡萄糖	平衡液	
5. 内科用药					
急支糖浆	芙朴感冒冲剂	安乃近	强力枇杷露	茶碱控释片	易蒙停胶囊
快克	清热灵冲剂	金奥康	可待因溶液	阿奇霉素	654-2
速效伤风胶囊	保济丸	泮托拉唑	复方甘草片	来立信	消炎利胆片
清感九味丸板蓝根	头孢呋辛黄连素	雷尼替丁芬必得	沐舒坦片麝香保心丸	阿昔洛韦片达喜	胃炎胶囊消心痛
痢特灵	克痢痧胶囊	双氯芬酸钠片	速效救心丸	吗丁啉	开博通
安内真	心痛定	倍他乐克	万托林气雾剂	奥美拉唑	硝酸甘油
易蒙停	敏使朗	头痛宁胶囊			

第二节 // 折叠担架

一、铝合金折叠担架

1. 简介

规格型号：YXZ-D-B3

尺寸（长×宽×高）：展开时：185cm×50cm×24cm

折叠时：92.5cm×50cm×11cm

担架承重：159kg

质量：7kg

采用高强度铝合金和牛筋革担架面制成，具有重量轻、体积小、携带方便、使用安全等优点，主要适用医院、体育场地、救护车及部队战地运送伤员（见图9-2）。

图9-2　铝合金折叠担架

2. 操作说明

打开：将担架面打开，按下脚轮及撑脚上的定位按钮，将脚轮或撑脚向外拉出于担架面90°位置。

折叠：按上述动作相反进行。

靠背最大倾角：60°。

3. 注意事项

担架打开后，应确保脚轮及撑脚上的定位按钮弹出插入定位槽。

担架面如有破损应及时更换。

必要时应使用保险带保险。

4. 维护保养

保持整洁（包括消毒）；经常检查是否有松动部件；储存在防潮、无腐蚀环境下。

二、铝合金铲式担架

1. 简介

规格型号：YXZ-D-E1

最大展开尺寸（长×宽×高）：190cm×44cm×6cm

最小展开尺寸（长×宽×高）：120cm×44cm×9cm

纸箱包装（1pc）：170cm×47cm×9cm

净重：8.5kg

毛重：10.2kg

承重：≤159kg

可适合救护车、医院、体育场地、部队战地运送伤病员之用。运送病员时，务必把离合装置锁紧，保险带扣好，以保安全（见图9-3）。

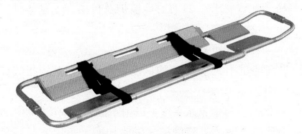

图9-3　铝合金铲式担架

2. 操作说明

（1）本担架是一种可分离型急救担架，用于救护车转送骨科及重伤病员。担架两端中部设铰链式离合装置，按下按钮可使担架分离成左右两部分。不需移动病人，即可将病人置于担架内或在手术台，从人体下抽出担架。

（2）担架面呈凹形，使病人安置稳固。

（3）担架长度可根据病人身高随意调节。拉出担架两侧定位按钮，即可调节担架长度。

（4）担架一端采用窄框架结构，便于担架在狭窄区操作。

（5）担架载病人后，可转移至救护车担架上。

（6）担架在分离成两部分后，拉出定位按钮，即可进行折叠，便于储藏和携带。

3.维护保养

（1）经常保持整洁（包括消毒）。

（2）经常检查是否有部件松动现象。

第三节 除 颤 仪

一、除颤仪介绍

名称：心电监护除颤仪如图9-4所示。

用途：适合院前院内病患的抢救、转运使用。

一般规格和配置要求：具有心电监护及自动，手动体外除颤和起搏功能。

主要技术和性能如下。

（1）最高能量不大于200J的低能量智能双相截顶指数波的除颤技术。

（2）50~300J标称能量水平度可以用于常规除颤及自动体外除颤。

（3）手动与自动体外除颤模式随时切换，可以实时测量胸壁阻抗并由此控制所发出的低能量形态。

（4）最高能量充电时间小于3s。

（5）心电监护可配置五导联线以得到全道联ECG。

（6）具有起搏测试功能及除颤保护功能。

（7）可选择心率报警上下限。

（8）标准的成人儿童组合电极板，成人电极板滑脱后为儿童电极板。

（9）具有电极板接触指示器。

（10）大于5英寸的高亮度抗冲击显示器。

（11）自动体外除颤方式应具备中文语音提示。

（12）可选多功能电极衬垫：成人或儿童，可用于除颤，心电监护。

（13）用普通热敏打印纸（5cm宽幅）或电脑闪卡打印或记录病人的临床显示数据。

（14）小于6.5kg，方便携带。

（15）记录纸，宽度50mm。

（16）辅助功能：可用于院内及各种院外的恶劣环境中，操作温度0~55℃（32~104 ℉）。

（17）质量标准及技术服务：设备应符合国家相关生产质量标准。并取得国家药品监督管理局产品注册证。

图9-4　心电监护除颤仪

二、除颤器的分类

（1）按是否与R波同步来分。可分为非同步型除颤和同步型除颤器两种。非同步型除颤器在除颤时与患者自身的R波不同步，可用于心室颤动或扑动。而同步型除颤器在除颤时与患者自身的R波同步，它利用人体心电信号R波控制电流脉冲的发放，使电击脉冲刚好落在R波下降支，而不是易激期，从而避免心室纤颤的发生，主要用于除心室颤动和扑动以外的所有快速性心律失常，如室上性及室性心动过速等。

（2）按电极板放置的位置来分。包括体内除颤器和体外除颤器。体内除颤器是将电极放置在胸内直接接触心肌进行除颤，早期体内除颤器结构简单，主要用于开胸心脏手术时直接对心肌电击，现代的体内除颤器是埋藏式的，其结构和功能与早期除颤器大不相同，它除了能够自动除颤外，还能自动进行监护、判断心律失常、选择疗法进行治疗。体外除颤器是将电极放在胸壁处间接进行除颤，目前临床使用的除颤器大都属于这一类型。

三、除颤器的实际应用

1. 除颤前的准备

体外电复律时电极板安放的位置有两种。一种称为前后位，即一块电极板放在背部肩胛下区；另一块放在胸骨左缘3~4肋间水平。有人认为这种方式通过心脏电流较多，使所需用电能较少，潜在的并发症也可减少。选择性电复律术宜采用这种方式。另一种是一块电极板放在胸骨右缘2~3肋间（心底部），另一块放在左腋前线内第5肋间（心尖部）（见图9-5）。这种方式迅速便利，适用于紧急电击除颤。两块电极板之间的距离不应<10cm。电极板应该紧贴病人皮肤并稍为加压，不能留有空隙，边缘不能翘起。安放电极处的皮肤应涂导电糊，也可用盐水纱布，紧急时甚至可用清水，但绝对禁用酒精，否则可引起皮肤灼伤。消瘦而肋间隙明显凹陷而致电极与皮肤接触不良者宜用盐水纱布，并可多用几层，可改善皮肤与电极的接触。两个电极板之间要保持干燥，避免因导电糊或盐水相连而造成短路。也应保持电极板把手的干燥。不能被导电糊或盐水污染，以免伤及操作者。当心脏手术或开胸心脏按摩而需作心脏直接电击除颤时，所需专有小型电极板，一块置于右心室面；另一种置于心尖部，心脏表面洒上生理盐水，电极板紧贴心室壁。

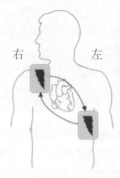
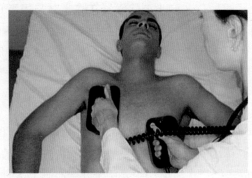

右　左

图9-5　常用电极摆放位置

电复律所用电能用J表示。按需要量充电，心室颤动为250~300J，非同步复律。室性心动过速为150~200J，心房颤动为150~200J，心房扑动为80~100J，室上性心动过速为100J，均为同步复律。

2. 除颤的实际操作过程

（1）迅速熟悉、检查除颤仪，各部位按键、旋钮、电极板完好，电能充足。

（2）患者取平卧位，操作者位于患者右侧位。

（3）迅速开启除颤仪，调试除颤仪至监护位置，显示患者心律。

（4）用干布迅速擦干患者胸部皮肤，将手控除颤电极板涂以专用导电胶。

（5）确定手控除颤电极板正确安放胸部位置，前电极板放在胸骨外缘上部、右侧锁骨下方。外侧电极板放在左下胸、乳头左侧，电极板中心在腋前线上，并观察心电波型，确定为室颤。

（6）选择除颤能量，首次除颤用200J；第二次用200~300J；第三次为360J。

（7）按压除颤充电按钮，使除颤器充电。

（8）除颤电极板紧贴胸壁，适当加以压力，确定周围无人员直接或间接与患者接触。

（9）除颤仪显示可以除颤信号时，双手同时协调按压手控电极两个放电按钮进行电击。

（10）放电结束不移开电极，观察电击除颤后心律，若仍为室颤，则选择第二次除颤、第三次除颤，重复第4~10步骤。

3. 除颤后的护理

（1）继续观察心率、心律、呼吸、血压、面色、肢体情况及有无栓塞表现，随时做好记录。病情稳定后返回病房。术前抗凝治疗者，术后仍需给药，并做抗凝血监护。

（2）卧床休息一至两天，给予高热量、高维生素、易消化饮食，保持大便通畅。

（3）房颤复律后，继续服用药物维持，并观察药效及不良反应。

（4）保健指导，向病人说明诱发因素，如过度劳累、情绪激动等，防止复发。

4. 适应证

（1）心室颤动是电复律的绝对指征。

（2）慢性心房颤动（房颤史在1~2年以内），持续心房扑动。

（3）阵发性室上性心动过速，常规治疗无效而伴有明显血液动力学障碍者或预激综合征并发室上性心动过速而用药困难者。

（4）呈1∶1传导的心房扑动。

5. 禁忌证

（1）缓慢心律失常，包括病态窦房结综合征。

（2）洋地黄过量引起的心律失常（除室颤外）。

（3）伴有高度或完全性传导阻滞的房颤、房扑、房速。

（4）严重的低血钾暂不宜作电复律。

（5）左房巨大，心房颤动持续一年以上，长期心室率不快者。

6. 最大释放电压

最大释放电压是指除颤器以最大储能值向一定负荷释放能量时在负荷上的最高电压值。为了确保安全，防止患者除颤电击时承受过高的电压，国际电工委员会规定：除颤器以最大储能值向100Ω电阻负荷释放时，在负荷上的最高电压值不应超过5000V。

四、除颤器的保养

除颤仪的维护保养与清洁包括以下几个方面。

1. 清洁记录仪打印头

如果打印ECG条带太浅或深浅不一，要将打印头用沾有酒精的棉球清洗，以去除上面残留的纸屑。

2. 维护电池

除颤仪可用交流电，也可用电池供电，电池装入除颤仪后，应充电24h以保证电池达到全容量，平时应将仪器与交流电源相连接并在每次使用后充足电，否则，将降低电池容量与寿命。如果除颤仪在没有交流电源的情况下存放超过1个月，首先要将电池充电48h，然后将其从仪器取出，置于凉爽、干燥的地方，但不宜于零摄氏度以下存放。每6个月对存放的电池充电至少24h，以确保电池不会在存放期间完全放电。当仪器内电池取出时，就应立即在仪器上标明，此时需要交流电才能工作。

过长时间让电池得不到充电会造成电池永久性损坏。因此至少每6个月要检查1次电池容量，密封的铅—酸新电池最少能提供2.5h的监护时间，当不能提供最小的2.5h监护时间，或电池不能提供10min的"电池电压低"警告时间时，需要换此电池。

3. 清洁外表面

保持仪器外部无灰尘，彻底地清除掉除颤电极上的导电胶，可用肥皂水、含氯漂白剂等非腐蚀性洗涤剂清洗外表部，清洗时不要让任何液体进入仪器内部，不可用强溶剂如丙酮或丙酮基复合物，显示屏容易碎裂，清洁时要非常小心。不要对监护导联和除颤电极进行蒸气消毒或气体熏蒸消毒。

第四节　雷达生命探测仪

一、简介

雷达生命探测仪是一款综合了微功率超宽带雷达技术与生物医学工程技术研制而成的高科技救生设备，专门用于地震灾害、塌方事故等紧急救援任务中，有效提高了救援质量和工作效率。它的工作原理是基于人体运动在雷达回波上产生的时域多普勒效应来分析判断废墟内有无生命体存在以及生命体的具体位置信息。

雷达生命探测 ®TRx 系统是对常见结构墙体材料和建筑废墟进行一个范围可达12m （39英尺）的尚有生命体征的探测。

该系统能够在1~2min内搜索完1810m^{3}区域，提供受害者的定位信息。

在确定搜索不含死亡人数量的情况下，该系统的置信水平达80%。

对受害者变数最大的是他们可能出现的身体状况及杂物残骸堆积的凌乱现场，这样就不可能探测到各种情况下的幸存者（见图9-6）。

图9-6　凌乱现场

然而，雷达具有其他搜寻方法不具备的独特优势，在搜寻幸存者时，因其独特性能而成为救援者手中一件有效的武器。四大洲的成功已经说明，生命探测器 TRx 可以安全地检测出地震、飓风及其他灾难性事件后建筑废墟下尚有生命体征的人。

二、操作说明

该系统旨在通过探测受困者的运动或者呼吸方式，找到被困在瓦砾之下的幸存者。

该生命探测仪 TRx 系统包括一个无线传感器/天线和控制器（目前可用两个平板控制器）。传感器/天线发射的功率只有普通手机的1%，由两节可充电锂电池提供电源。虽然传感器可以屏蔽地上信号，但是还是要确保所有搜救人员，包括操作人员与传感器保持15m（50英尺）以上距离。WiFi 信号强度限制了传感器的最大工作范围大约为30m（100英尺）（见图9-7）。

图9-7　生命探测仪 TRx 系统

1. 启动

（1）将充满电的电池插入传感器顶部的电池槽上并关闭槽门。请注意，传感器电池是键控的，只能沿一个方向插入——电池开槽一侧应朝上插入。该系统可以使用一节电池运行，建议您使用两节电池，这可以将传感器正常运行时间增加到约10h。电池可热插拔以保证连续运行。

（2）确保平板控制器（平板电脑 G1/M1）充满电。平板电脑/控制器带有一个交流/直流电源，用于给控制器的内部电池充电。控制器电池的运行时间约为10h。

（3）按住银色传感器电源按钮一秒钟，蓝色的模式选择 LED 灯和电池状态 LED 灯将会立即点亮。大约20s后，绿色连接灯将会快闪（2次/s），说明传感器可以使用了。

（4）在控制器（G1/M1平板电脑）上，按下启动按钮打开平板电脑。从 GSSI 生命探测仪 TRX 屏幕按 G1控制器上的 A1（在

M1上按 A），就可以启动生命探测仪
TRX 的控制器软件。

（5）一旦控制软件开始工作，您就
会看到主菜单画面（见图9-8）。

如果传感器和控制器已经成功选
配，传感器序号将会出现在菜单中
"Locate" 这个词的右侧（见图9-9）。

本地时间

图9-8　主菜单画面

图9-9　传感器序号

如果传感器和控制器没有完成选配，传感器图标上将会出现一条
红色斜线（见图9-10）。

图9-10　红色斜线

（6）传感器和控制器的电池状态都可以在显示器的右下角看
到，WiFi 信号强度指示器也可以在这里看到（见图9-11）。

　传感器电量指示器

　控制器电量指示器

　WiFi 信号强度指示器

　屏幕还显示当前时间——可以使用 Windows 系统的用户界面调整时间。

图9-11　传感器和控制器的电池状态

2. 系统菜单

屏幕系统参数可以通过按下主菜单左下角的设置图标进行设置。
有以下三个可选项。

（1）连接到 #### ：菜单允许用户选择与控制器选配的传感器。
再次按下该图标，则删除此选配参数。一旦选定，控制器只能与
该序号传感器选配。如果仅部署一个生命探测器 TRx，这种设置就
很方便。控制器不必采取额外步骤进行选配。一个传感器一次只能
连接到一个控制器。一旦传感器编号被选中，这个编号将会出现在

"Connect"这个词的右边，如 Connect to 40。

（2）深度：深度参数允许用户改变系统最大可探测的深度范围：6或12m。

（3）保养。该菜单允许用户查看或更改以下三个选项。

1）保存数据 ON/OFF。该参数允许用户选择保存采集的所有数据，以备后期检查。推荐将这些数据用于日后可能检查真实灾难场景的系统数据或使用情况。参数设置为 OFF，便不会将数据保存到平板控制器的内部硬盘上。

2）清除存储。该参数允许用户有选择性地删除保存在控制器硬盘上的数据文件。所有的文件可以通过检查顶部盒子删除，也可以一次删除一个单独文件。

3）系统信息。此位置大多是系统和控制器的软件服务信息。通过 GSSI 技术支持网站可以对系统软件进行更新，这个位置用于更新软件。更多细节请参考软件更新技术说明。

3. 搜救程序

（1）确认传感器和控制器已经通电并建立连接。

（2）在瓦砾堆放置传感器，确保所有工作人员都保持15m（50英尺）以上的距离，但距离传感器不要超过30m（100英尺）。

（3）在显示器左上角，按下主菜单屏幕上的定位按钮，开始对一个受害者进行定位。请注意，如果传感器尚未与控制器完成选配，系统软件会要求您先选择合适的天线序列号。一旦传感器选配成功，按"Locate"按钮，开启目标显示屏幕。

（4）目标显示屏幕出现，右上角的运行时钟开始递增。文件名显示在目标显示器屏幕的左上部分。随着检测置信逐渐改善，可以看到红色圆圈（呼吸）和黑色方块（移动），并且不断变大。检测到运动的近似距离显示在屏幕右边缘。

该程序将搜寻呼吸和移动。

超过报警阈值的移动生成一个黑色正方形。

运动预检测时，您可以选取颜色，系统将根据您的选择显示白色、红色或黄色。

超过报警阈值的呼吸将生成红色同心圆。

呼吸预检测时，您可以选取颜色，系统将根据您的选择显示白色、红色或黄色。

持续的移动或呼吸会生成更大的正方形或圆形（见图9-12）。

图9-12　生成更大的正方形或圆形

4. 目标显示屏幕概述

目标显示屏幕概述如图9-13所示。

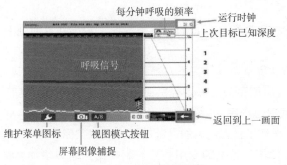

图9-13　目标显示屏幕

目标显示屏幕：维护概述。

数据显示选项：用户可以用4种不同的颜色选项来显示雷达数据。颜色选项通过切换按钮改变想要的位置。

数据增益控制：此选项允许用户增加或减少雷达数据整体显示的灵敏度。数据显示灵敏度可以通过按下右侧按钮来提高增益，相应地，按下左侧按钮则减少增益。

屏幕图像捕捉：在目标显示屏幕按下此按钮，软件会瞬间捕捉当时屏幕显示的内容，也会有一个声音指示器说明一个截屏已捕捉到了。

目标 ON / OFF：该选项允许用户将选择的目标或报告显示在屏幕上。移动和呼吸的目标可以独立控制，控制软件每次启动时自动复位到"ON"状态。

A/B 模式：此按钮允许用户从定位视图切换到扩展视图，更改目标显示屏幕。请注意，只有当用户选择了定位视图模式时，才可以关闭雷达数据。

呼吸频率指示器：探测呼吸时，该图标将显示被困者最后已知估计的呼吸频率。需要说明的重要一点是，当探测到呼吸目标时，将会显示不同高度的声音指示条。可以探测的呼吸频率范围是3次/分钟到30次/分钟。

最后已知位置：在屏幕右上方的定位模式图标显示呼吸或被困者移动迹象的最后已知位置。当收到目标信息在系统显示时，这个序号将会更新。

5. 目标显示屏：技巧和窍门

（1）按下屏幕右下角的左箭头按钮，退出并返回到上一个显示画面。

（2）从主菜单屏幕按下左箭头按钮可以调出辅助图标，以确认您想要退出的程序，按该图标，系统返回到 Windows 桌面。按此大图标将彻底退出程序。

（3）按住平板控制器的电源按钮，可以关闭平板电脑电源。

（4）使用平板电脑专用音量控制按钮，可以增加/减少平板控制器的音量。

6. 目标显示屏幕：噪声监视

因为生命探测仪 TRx 探测的是雷达信号，所以它容易受到无线电的干扰。该系统旨在连续地测量无法屏蔽的干扰，这些噪声电平在数据底部显示成一个连续变化的线条——该线条以下深度无法探测。系统将以这种方式自动防止探测错误（见图9-14）。

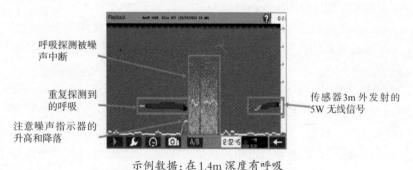

示例数据：在1.4m深度有呼吸

（a）

图9-14 噪声监视（一）

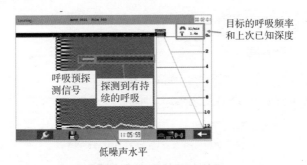

目标的呼吸频率
和上次已知深度

呼吸预探
测信号

探测到有持
续的呼吸

低噪声水平

示例数据：在9.8m深处有呼吸

（b）

目标的呼吸频率
和上次已知深度

传感器附近
有人行走

探测到有持
续的呼吸

示例数据：移动传感器，发现3.5m深度有微弱呼吸

（c）

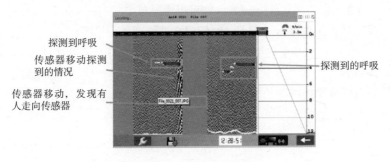

探测到呼吸

传感器移动探测
到的情况

传感器移动，发现有
人走向传感器

探测到的呼吸

（d）

图9-14 噪声监视（二）

7. 传感器/天线指示灯

连接性（绿色）LED 如图9-15所示。

传感器准备连接平板电脑／控制器

传感器选配／已经连接

传感器运行中

图9-15　连接性（绿色）LED

状态（蓝色）LED 如图9-16所示。

电源开

传感器探测到震动

图9-16　状态（蓝色）LED

电池（红色）LED 如图9-17所示。

红色 LED 灯闪烁：电池剩余电量不到20分钟

图9-17　电池（红色）LED

8. 回放

（1）回放一个文件（单个搜索周期）时，从主菜单屏幕选择回放（Playback）按钮。使用屏幕右侧的滚动条，选择想要播放的文件，单击即可回放。捕捉到的相关图像可以进行预览数据。

（2）在选择文件屏幕上，您可以通过单击任何列标题，对文件／图像序号、天线序号、日期／时间或文件长度进行排序。

（3）一旦搜索周期文件被选中，它将自动打开并开始回放。需要注意的是，切换速度按钮（图标）将会加快或减慢数据回放速度。所有数据采集提供的功能也可以使用数据回放。